高等学校规划教材·力学

结构疲劳与断裂
（第2版）

谢　伟　殷之平　张　纯　编著

西北工业大学出版社

西　安

【内容简介】 本书适应科学技术的发展和教学改革的需要,着重介绍金属材料疲劳学和线弹性断裂力学的基本理论、分析方法和实验技术。全书共分14章,主要内容包括疲劳基本概念和影响因素,疲劳裂纹萌生和扩展机理,高周疲劳、低周疲劳和疲劳裂纹扩展寿命预测方法,线弹性断裂力学的基本理论和方法,基于小裂纹理论的全寿命分析模型,新的数值计算方法和模型,疲劳与断裂相关的实验技术等。

本书可以作为高等学校航空航天、船舶、兵器、力学、机械、材料、土木和能源等相关专业本科生的教材,也可以供从事疲劳、断裂相关专业的研究生、教师、研究人员和工程技术人员参考。

图书在版编目(CIP)数据

结构疲劳与断裂 / 谢伟,殷之平,张纯编著. — 2版. — 西安 : 西北工业大学出版社,2024.2
高等学校规划教材.力学
ISBN 978 - 7 - 5612 - 9179 - 5

Ⅰ.①结… Ⅱ.①谢… ②殷… ③张… Ⅲ.①金属疲劳-高等学校-教材 ②金属-断裂-高等学校-教材
Ⅳ.①TG111

中国国家版本馆 CIP 数据核字(2024)第 033387 号

JIEGOU PILAO YU DUANLIE

结 构 疲 劳 与 断 裂

谢伟 殷之平 张纯 编著

责任编辑:李阿盟 刘 敏		策划编辑:何格夫	
责任校对:杨 兰		装帧设计:李 飞	

出版发行:西北工业大学出版社
通信地址:西安市友谊西路 127 号　　邮编:710072
电　　话:(029)88491757,88493844
网　　址:www.nwpup.com
印 刷 者:兴平市博闻印务有限公司
开　　本:787 mm×1 092 mm　　1/16
印　　张:8.75
字　　数:230 千字
版　　次:2012 年 2 月第 1 版　2024 年 2 月第 2 版　2024 年 2 月第 1 次印刷
书　　号:ISBN 978 - 7 - 5612 - 9179 - 5
定　　价:45.00 元

如有印装问题请与出版社联系调换

第 2 版前言

疲劳与断裂是工程中最常见、最重要的失效模式。据统计,在工程实际当中所发生的疲劳断裂和破坏现象,在全部力学破坏中占比高达 40%～90%。因此,机械设计和制造领域的工程技术人员在设计和制造的过程中必须认真考虑到所有可能发生的疲劳断裂问题。2023 年 2 月 6 日,中共中央、国务院印发了《质量强国建设纲要》。为助力航空航天、船舶、兵器、力学、机械、材料、土木和能源等工程领域的高质量发展,必须普及疲劳与断裂方面的知识,推动已有研究成果的应用。

本书是在《结构疲劳与断裂》第 1 版的基础上,根据笔者教学科研中的经验和当前科学技术的发展修订而成的,一方面添加了现有疲劳和断裂力学发展中的新方法和新模型,另一方面对第 1 版书中的错误和表述不当之处进行了修正。

本书主要内容包括:疲劳基本概念和影响因素,疲劳裂纹萌生和扩展机理,高周疲劳、低周疲劳和疲劳裂纹扩展寿命预测方法,线弹性断裂力学的基本理论和方法,基于小裂纹理论的全寿命分析模型,新的数值计算方法和模型,疲劳与断裂相关的实验技术等。全书共 14 章,除第 0 章绪论外,可以分为 3 个部分。第 1～5 章是第 1 部分,主要介绍疲劳学基本理论和疲劳寿命预测方法及相关实验技术。第 6～11 章是第 2 部分,主要介绍断裂力学基本理论和裂纹扩展寿命预测方法及相关实验技术。第 12 和 13 章是第 3 部分,主要介绍疲劳断裂领域新的模型和数值计算方法。本书建议总学时为 40 学时,其中实验为 8 学时。如果单独开设了实验课,第 5 章和第 10 章可略讲,建议总学时为 32 学时。

本书可作为高等学校航空航天、船舶、兵器、力学、机械、材料、土木和能源等相关专业本科生的教材,也可供从事疲劳、断裂相关专业的研究生、教师、研究人员和工程技术人员参考。本书的编写分工如下:第 0～5 章由殷之平编写;第 6～9 章由谢伟编写;第 10 章由张纯编写;第 11～13 章由谢伟、殷之平、张纯编写。全书由谢伟统稿。

在编写本书的过程中,参考了国内外相关的文献资料,在此谨对原作者表示诚挚的谢意!在改编和出版本书的过程中,西北工业大学教务处和航空学院提供了经费支持,西北工业大学出版社给予了大力帮助,在此一并致以诚挚的谢意!

由于学识水平有限,书中难免存在疏漏之处,恳请专家、同行和读者不吝赐教。

编　者

2023 年 8 月

第1版前言

本书是为适应现代科学技术发展和教学改革的需要，为航空航天类飞行器设计专业及结构强度专业的本科生编写的，并可供从事结构疲劳断裂分析的工程技术人员参考。

本书是在笔者积累了多年"结构疲劳与断裂"教学经验以及紧密联系工程实际的基础上编写而成的，力求做到既保证理论体系的完整，又反映现代技术的最新成果；同时在总结已有教材和专著的基础上，以《结构疲劳与断裂》（傅祥炯主编，西北工业大学出版社1995年出版）为蓝本，吸收当今国际先进飞行器结构疲劳与损伤容限的设计思想，按学科体系纂辑而成，既系统阐述理论，又紧密结合工程实际，既直接传授知识，又具有一定的启发性、创新性，由浅入深，重点突出，点面结合，逻辑性强。

作为一门专业课程，本书充分体现了专业特色，理论要点主要围绕航空飞行器结构和航空材料，在论述分析中注意培养学生分析和解决工程实际问题的能力。

本书的绪论和第1～5章由殷之平编写，第6～11章由谢伟编写，第12章、第13章由殷之平、谢伟共同编写。本书由殷之平任主编，并最终进行统稿和修订。

西北工业大学黄其青教授在百忙中审阅了全书，并提出了许多宝贵意见，在此表示衷心的感谢。在编写本书的过程中，屠少威、李国峰和李志贤对书中的文字、公式和图表作了全面的校对和绘制，在此表示衷心的感谢。

由于水平有限，书中难免存在不足之处，恳请读者批评指正。

编　者

2011 年 10 月

目　　录

第0章　绪论 ……………………………………………………………………… 1

　　0.1　疲劳学及断裂力学的发展 ………………………………………… 1

　　0.2　疲劳学与断裂力学的关系 ………………………………………… 2

　　0.3　疲劳设计方法 ……………………………………………………… 3

第1章　疲劳基本特征和断口分析 …………………………………………… 5

　　1.1　疲劳破坏的基本特征 ……………………………………………… 5

　　1.2　疲劳破坏的机理 …………………………………………………… 5

　　1.3　断口分析 …………………………………………………………… 8

第2章　疲劳的基本概念 ……………………………………………………… 13

　　2.1　交变应力 …………………………………………………………… 13

　　2.2　疲劳强度和疲劳极限 ……………………………………………… 15

　　2.3　$S-N$ 曲线 ………………………………………………………… 16

　　2.4　$\varepsilon-N$ 曲线 ………………………………………………………… 20

　　2.5　循环应力-应变曲线 ………………………………………………… 23

　　2.6　等寿命曲线 ………………………………………………………… 25

第3章　影响疲劳强度的因素 ………………………………………………… 28

　　3.1　应力集中的影响 …………………………………………………… 28

　　3.2　尺寸效应 …………………………………………………………… 31

　　3.3　表面粗糙度 ………………………………………………………… 32

第4章　结构疲劳寿命估算 …………………………………………………… 33

　　4.1　线性疲劳累积损伤理论 …………………………………………… 33

　　4.2　修正的线性疲劳累积损伤理论 …………………………………… 34

　　4.3　应力寿命估算 ……………………………………………………… 35

　　4.4　应变寿命估算 ……………………………………………………… 41

第 5 章　疲劳试验 ·· 43

　5.1　试验目的 ··· 43

　5.2　试验件 ·· 43

　5.3　试验设备 ··· 44

　5.4　试验方法和过程 ·· 44

　5.5　试验 ·· 45

　5.6　试验结果与数据处理 ··································· 50

第 6 章　线弹性断裂力学理论 ····························· 54

　6.1　裂纹的分类 ·· 54

　6.2　裂纹尖端附近的应力场和位移场 ···················· 56

　6.3　裂纹尖端塑性区 ·· 61

　6.4　能量理论 ··· 66

第 7 章　应力强度因子的计算 ····························· 69

　7.1　有限元法 ··· 69

　7.2　叠加法 ·· 72

　7.3　Green 函数法 ··· 74

　7.4　常见裂纹体裂尖应力强度因子解 ···················· 75

第 8 章　疲劳裂纹扩展寿命计算 ··························· 81

　8.1　疲劳裂纹扩展速率 ····································· 81

　8.2　恒幅交变载荷下的疲劳裂纹扩展寿命 ·············· 85

　8.3　不考虑载荷顺序效应时的疲劳裂纹扩展寿命计算 ·· 86

　8.4　高载迟滞模型 ··· 88

　8.5　计算疲劳裂纹扩展寿命的损伤累积方法 ············ 94

第 9 章　结构的剩余强度分析 ····························· 96

　9.1　剩余强度基本概念 ····································· 96

　9.2　断裂判据 ··· 97

第 10 章　断裂力学试验 ···································· 101

　10.1　平面应变断裂韧度 K_{1c} 的测定 ················· 101

　10.2　平面应力断裂韧度 K_c 的测定 ··················· 102

　10.3　疲劳裂纹扩展速率 da/dN 的测定 ··············· 105

第 11 章　疲劳载荷谱 ·· 106

11.1　飞机重复载荷源 ·· 107

11.2　飞机疲劳载荷谱的编制 ···································· 113

11.3　谱的计数法 ·· 115

第 12 章　基于小裂纹理论的全寿命分析模型 ···················· 118

12.1　小裂纹概念 ·· 118

12.2　小裂纹扩展特性分析 ······································ 119

12.3　全寿命模型 ·· 120

第 13 章　疲劳断裂力学中新的数值计算方法和模型 ·············· 124

13.1　有限元重合网格法 ·· 124

13.2　扩展有限元法 ·· 125

13.3　无网格法 ·· 125

13.4　基于损伤力学的疲劳寿命分析 ······························ 126

13.5　断裂相场法 ·· 128

13.6　近场动力学 ·· 130

参考文献 ·· 131

第0章 绪 论

日内瓦的国际标准化组织(International Organization for Standardization, ISO)在 1964 年发表的报告《金属疲劳试验的一般原理》中给疲劳下了一个描述性的定义:"金属材料在应力或应变的反复作用下所发生的性能变化叫作疲劳。"虽然在一般情况下,这个术语特指金属材料那些导致开裂或破坏的性能变化,但这一描述也普遍适用于非金属材料。

本书着重围绕疲劳问题,介绍疲劳问题的两个主要学科分支——疲劳学和断裂力学的基础知识和基本理论,以及最新的一些研究策略。

0.1 疲劳学及断裂力学的发展

疲劳是一个包含许多学科的研究分支,已有的研究资料表明,研究疲劳的手段主要分为疲劳学和断裂力学,其研究可追溯到 19 世纪上半叶。

早在 1843 年,英国工程师 W. J. M. Rankine(他后来由于对机械工程作出的贡献而成名)对疲劳和断裂的不同特征有了认识,并注意到机械部件存在应力集中的危险性。与此同时,英国机械工程师学会也开始研究所谓的"晶化理论"。当时人们认为,最终疲劳破坏导致的材料弱化是由于作为材料基础的微观结构发生晶化的结果。

1852—1869 年,A. Wöhler 的研究工作包括普鲁斯铁道部门全尺寸车轴和各种小型机械构件的弯曲、扭转和轴向加载疲劳试验。他在工作中提出利用应力幅-寿命($S-N$)曲线来描述疲劳行为的方法,并且提出了疲劳"耐久极限"这个概念。今天人们广泛用来对金属进行循环加载的旋转弯曲试验机,在原理上同当年 Wöhler 所设计的机器是一致的。

1910 年,O. H. Basquin 提出描述金属 $S-N$ 曲线的经验规律。他指出,应力对疲劳循环数的双对数图在很大的应力范围内表现为线性关系。同年,Bairstow 在金属循环硬化和软化的早期研究中也作出了贡献。他通过多级循环试验和测量滞后回线,给出了有关形变滞后的研究结果,并指出了形变滞后和疲劳破坏的关系。

1926 年,英国的 H. J. Gough 出版了《金属疲劳》一书,一年后,美国的 H. F. Moore 和 J. B. Kommers 也用同样的书名出版了他们的著作。在 20 世纪二三十年代,疲劳已发展成为一个重要的科学研究领域。

在 20 世纪初,Ewing 和 Humfrey 就已经在他们的著作中对微观裂纹慢速扩展所引起的金属疲劳作了描述,但这时还没有提出可进行定量处理脆性固体断裂的数学工具,不能直接用这些理论来描述金属材料的疲劳破坏。

1957 年，Irwin 指出可以用一个被称为应力强度因子的标量 K 来表示裂纹尖端应力奇异性的大小，从而开拓了关于裂纹扩展引起的金属疲劳问题的研究，这就是现在断裂力学普遍使用的线弹性断裂力学。

在这种所谓的线弹性断裂力学方法出现之后，人们也曾多次尝试采用应力强度因子来描述疲劳裂纹的扩展。Pairs，Gomez 和 Anderson（1961 年）首先指出，在恒幅循环加载中，疲劳裂纹在每个应力循环过程中的扩展量 da/dN 与应力强度因子范围 ΔK 有关。虽然他们讨论这个问题的文章没有被这一领域的主要杂志所接受，但此后他们的方法被广泛用来描述在裂纹尖端存在小范围塑性形变条件下的疲劳裂纹扩展。线弹性断裂力学方法吸引人之处主要在于：由远场加载条件和裂纹体的几何尺寸确定的应力强度因子范围是描述疲劳裂纹扩展的唯一参量，采用这一方法并不要求预先详细了解有关的疲劳断裂机制。

随着把断裂力学概念应用于描述疲劳破坏，人们对亚临界裂纹的扩展机制给予了更多的关注，提出了一些唯象模型和定量模型，试图从理论上解释试验中所观察到的工程材料的疲劳裂纹扩展阻力。Elber（1970 年，1971 年）的试验结果是这方面的一个重要贡献。他指出，即便受到循环拉伸载荷的作用，疲劳裂纹也能够保持闭合状态。这一结果也说明，疲劳扩展速率的控制因素或许不是应力强度因子范围 ΔK 的名义值，而是它的有效值。这个 ΔK 的有效值体现了扩展裂纹尖端后部断裂表面的影响。

20 世纪 70 年代后期以来，人们在裂纹闭合现象研究方面和在裂纹尺寸对疲劳断裂发展的影响研究方面投入了很多力量。在进行这种研究的同时，人们还尝试建立存在大范围塑性形变和附近有应力集中情况下的疲劳裂纹扩展描述方法。

虽然恒定循环应力幅作用下的疲劳破坏是疲劳基本研究的主要内容，但由于工程应用中的服役条件不可避免地含有变幅载荷谱、腐蚀环境、低温或高温以及多轴应力状态，所以建立能够处理这些复杂服役条件的可靠寿命预测模型是疲劳研究中最棘手的挑战之一。虽然这些领域已取得重要进展，但把概念应用于实际情况时还经常需要采用半经验式处理方法。

0.2　疲劳学与断裂力学的关系

疲劳学研究重复载荷下材料及结构的疲劳强度及疲劳寿命问题。它以多年积累的疲劳试验数据，丰富的服役使用经验教训，研究工作者进行的大量宏、微观断口分析，深入的机理探索和已经建立的各类累积损伤理论为基础。

断裂力学研究带裂纹体的强度问题。它主要由三部分组成：静态断裂部分研究带裂纹体应力应变规律，工程上着重解决带裂纹体的剩余强度问题；疲劳裂纹扩展部分探索裂纹扩展机理、模型及裂纹扩展寿命问题；断裂力学部分应用于腐蚀环境，着重解决应力腐蚀开裂及腐蚀对裂纹扩展加速的问题。

疲劳破坏过程是从原子尺寸、晶粒尺寸到大型结构尺寸，跨越十几个量级的十分复杂的过程，形成工程界的一大难题。为研究方便，疲劳破坏过程按裂纹扩展过程可以大致分为下述几个阶段。

（1）亚结构和显微结构发生变化，从而形成永久损伤形核。

（2）产生微观裂纹。

（3）微观裂纹长大和合并，形成"主导"裂纹。一般认为，这一阶段的疲劳通常是裂纹萌生与扩展之间的分界线,即疲劳学与断裂力学的分界岭。

(4)主导宏观裂纹的稳定扩展。

(5)结构失去稳定性或完全断裂。

在实际问题中,上述过程是一个连续的过程,一般无法准确地分开。现在的研究方向是探究疲劳问题趋于统一的全寿命问题。

0.3 疲劳设计方法

疲劳的不同设计原理之间的主要区别在于如何定量处理裂纹萌生阶段和裂纹扩展阶段。针对这两个阶段,工程中分别运用疲劳学和断裂力学形成了下述不同方法。

一、疲劳法——安全寿命设计法

经典的疲劳设计方法是用循环应力范围($S - N$ 曲线方法)或塑性(总)应变范围来描述导致疲劳破坏的总寿命。在这些方法中,通过控制应力幅来获得初始无裂纹(和具有名义光滑表面)的试样产生疲劳破坏所需的应力循环数或应变循环数。这样得到的疲劳寿命包括萌生主裂纹的疲劳循环数(可能高达总寿命的 90%)和使这一主裂纹扩展到发生突然破坏的疲劳循环数。应用经典方法预测疲劳总寿命时,可以用各种方法来处理平均应力、应力集中、环境、多轴应力和应力变幅的影响。由于裂纹萌生寿命占据光滑试样疲劳总寿命的主要部分,所以进行研究经典的应力和应变描述方法在多数情况下体现了抵抗疲劳裂纹萌生的设计思想。

二、损伤容限法

与安全寿命法不同,疲劳设计的断裂力学方法以"损伤容限"原理作为设计基础。该方法的前提是认为损伤是一切工程构件所固有的。

原有损伤的尺寸通常用无损探伤技术(例如视觉、着色或 X 射线技术,超声、磁性或声发射方法)来确定。疲劳寿命则定义为主裂纹从这一原始尺寸扩展到某一临界尺寸所需的疲劳循环数或时间。可以根据材料的韧性、结构特殊部分的极限载荷、可容许的应变和可容许的构件柔度变化来选择疲劳裂纹的临界尺寸。采用损伤容限法预测疲劳扩展寿命时需要应用断裂力学的裂纹扩展经验规律。这种方法本质上是偏保守的疲劳设计方法。

三、"安全-寿命"和"失效-安全"概念

当使用疲劳设计的安全-寿命处理方法时,首先应该确定施加在服役结构部件上的典型循环载荷谱。在此信息的基础上,或者对部件进行分析,或者利用典型服役谱载荷对部件进行实验室试验,从而估计部件的可用疲劳寿命。用一个安全因子(或称不确定因子)对所得的可用疲劳寿命适当地进行修正,这样就求得了部件的安全寿命。当部件运行到预期的安全寿命时,即使它在服役中并没有发生任何破坏(即部件仍有相当长的剩余疲劳寿命),也要令其退役。

安全-寿命方法要求在到达一个规定的寿命之前不产生疲劳裂纹,其重点在于预防疲劳裂纹的产生。

相反,失效-安全概念的设计原则是在一个大构件中即使有个别零件失效,其剩余部分应该保持足够的结构完整性,使构件能安全运行直至检测到裂纹为止。失效-安全方法除了要求

对构件进行定期检查之外,还要求裂纹检测技术可以识别尺寸足够小的裂纹,以便能及时修理或更换有关部件。

无论使用哪一种设计原理,最好能对构件的关键部分实行定期检查(对于某些至关重要安全问题的关键结构,例如对于飞机和核工业中的结构件,甚至规定必须进行定期检查)。这种措施可以消除设计错误引起的危险后果。采用安全-寿命方法进行设计时,这一点表现得更为突出。

第1章 疲劳基本特征和断口分析

1.1 疲劳破坏的基本特征

交变载荷的作用使结构的疲劳破坏具有以下基本特征。

(1)交变载荷的峰值在远低于材料的强度极限情况下,就可能发生破坏,表现为低应力脆性断裂的特征。

(2)破坏具有局部性。无论是脆性材料还是塑性材料,疲劳破坏在宏观上均无明显的塑性变形。

(3)破坏之前要经历一个疲劳损伤累积过程。研究表明,该过程由裂纹起始(或成核)、裂纹(稳态)扩展和裂纹失稳扩展三个阶段组成。

(4)疲劳寿命具有极大的分散性。疲劳寿命对载荷及环境、材料及结构、加工工艺等方面多种因素相当敏感。

(5)疲劳断口在宏观上和微观上都具有显著的特征。断口上的信息对记录疲劳过程、研究疲劳机理以及判断事故原因都具有重要意义。

基于上述特点,"疲劳"可概括为:材料或结构的某一点或某些点,在承受波动的应力或应变情况下,发生渐进的、局部的、永久性变化的过程。

1.2 疲劳破坏的机理

一、裂纹形成

微观裂纹成核和扩展是材料寿命演化的一个重要阶段,是材料疲劳寿命的一个主要部分,一般在高周疲劳中可达90%。由于难以检测材料的微观结构,而且缺乏关于裂纹形核和微结构裂纹扩展的定量信息,所以材料寿命的这个阶段经常被含糊地称为裂纹萌生,在一般工程结构中意指材料寿命达到可发现的裂纹尺寸的阶段。

1998年,Suresh对裂纹形核机制进行了总结,分为以下几类:

(1)表面裂纹形核。这类裂纹形核发生在材料表面,由于晶体面滑移不可逆转造成的滑移带的入侵或挤出,或者由于氧化和腐蚀作用,或者通过磨损而形成损伤裂纹。

(2)表面下裂纹形核。这类裂纹形核发生在空洞或位错塞积处。

(3)晶界或异相界面裂纹形核。这类裂纹形核发生在晶界空穴,或形成疲劳楔形裂纹。

在裂纹形核的上述形式中，除了制造过程产生的缺陷，还包括铸造空洞和锻压崩裂或脱离的沉积粒子，还有由于环境效果（例如氧化和腐蚀作用）形成的损伤。

利用电子显微镜技术，可以观察到在循环加载下的金属表面滑移带中的"挤出"和"侵入"现象。图1.1为典型的"挤出"和"侵入"现象示意图。发生"挤出"的另一面常出现"侵入"，或在"挤出"相应的金属内部产生孔洞。"侵入"和孔洞形成应力集中，这正是裂纹可能形成的地方。

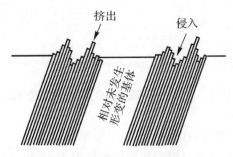

图1.1 "挤出"和"侵入"现象示意图

关于裂纹形成还有很多其他的解释机理，如局部脆断模型、空穴聚集模型、滑移面横向内聚力丧失模型和裂纹在晶界形成（晶界成核）模型。随着科学研究的深入，一些模型能对疲劳形成速率进行预测，如吴犀甲基于位错理论推得的 Zener - Stroh - Koehler（ZSK）裂纹形核和 Bilby - Cottrell - Swinden（BCS）裂纹形核模型。

二、裂纹扩展

裂纹向材料内部扩展一般分成两个阶段。裂纹在滑移带形成后，其第Ⅰ阶段的扩展是在最大剪应力方向（与正应力方向成45°角）上。这一初始的扩展量很小，通常只有一个晶粒[见图1.2(a)]或几个晶粒[见图1.2(b)]。对于后一种情况，可以观察到，由于相邻走向的随机性而造成裂纹扩展方向的变化。阶段Ⅰ的裂纹扩展具有明显的结晶性质，这一特性在阶段Ⅱ就会部分地消失。阶段Ⅰ在材料的全部疲劳寿命中的占比在一个很宽的范围内变化，短至10%，长至90%。这个阶段的研究工作困难大，很难定量描述。第Ⅱ阶段的裂纹扩展，宏观上看是沿垂直于最大正应力的方向上扩展的，微观上看则是不断变化着的。大多数疲劳裂纹扩展都是穿晶的，如图1.2所示。然而也可能沿晶界扩展，但这种扩展方式很少见。

有许多关于裂纹扩展机理的模型，有的很简单，有的非常复杂。现选择两个较为简单的模型作为例子，一个取自结晶性的模型，一个取自非结晶性的模型。

纽曼（P. Newman）模型包括裂纹的形成和扩展，与前面介绍的"侵入"和"挤出"形成模型类似。它根据两个滑移平面系统的交叉滑移和硬化组合而成，如图1.3(a)～(h)所示。

循环中，由平面1的粗滑移形成的滑移台阶的局部应力集中区，如图1.3(a)所示；如果该应力集中足够大，循环的拉伸行程会激活平面2的滑移，平面2几乎垂直于平面1，如图1.3(b)所示；在压缩行程中，先是平面1滑移，形成图1.3(c)所示的情况，后是平面2起作用，形成图1.3(d)所示的情况；这时互相接触的滑移面是分离面，已不是一个整体，这就是裂纹的起始。这些裂纹面的接触也会导致应力集中的减缓。

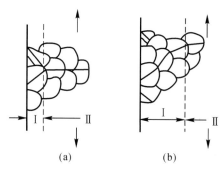

图 1.2 裂纹扩展的两个阶段

(a)第Ⅰ阶段； (b)第Ⅱ阶段

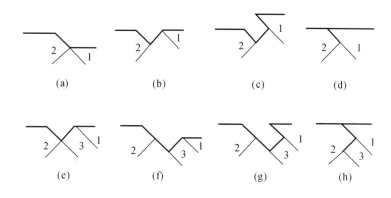

图 1.3 疲劳裂纹形成和扩展的纽曼模型

在下一个拉伸行程中，与平面 1 平行的平面 3 被激活，形成图 1.3(e)所示的情况。在接着的压缩行程中，图 1.3(g)所示的滑移面起作用，形成图 1.3(h)所示的裂纹状态。连续重复上述过程会导致进一步的裂纹扩展。

压缩行程的滑移与前面拉伸的滑移的量级不一定相同，而且可能发生双滑移，这样就与图 1.3 所示的情况完全不同。

该模型已经在单晶体铜的拉伸-压缩试验中得到证实。

现在来看由莱尔德(C. Laird)和史密斯(G. C. Smith)提出的裂纹扩展的非结晶模型——莱尔德-史密斯(Laird-Smith)模型(见图 1.4)。在循环的拉伸行程中，与最大剪应力方向一致的多重滑移的结果使裂纹张开[见图 1.4(b)]，塑性区扩展，裂纹尖端钝化[见图 1.4(c)]，图 1.4(c)中同样方向的一对箭头表示滑移带的宽度。在循环的压缩行程中，受与前面滑移的方向相反的滑移的影响，钝化消失，裂纹变尖锐[见图 1.4(d)(e)]。裂纹尖端的分叉(小耳朵形)反映了下面介绍的疲劳条带结构。莱尔德-史密斯模型又称为塑性钝化模型，主要适用于大应力幅的情况。

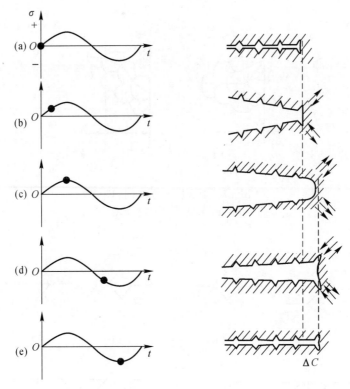

图 1.4   疲劳裂纹扩展的莱尔德-史密斯(Laird – Smith)模型

1.3   断 口 分 析

断口分析一般包括宏观和微观两种方法。

微观分析是通过电子-光学方法揭示疲劳断口的性质,是进行疲劳裂纹形成和扩展机理、裂纹扩展速率和迟滞,以及各种外部、内部因素的特点及其影响等研究的基本资料。

宏观分析是用肉眼或低倍(25 倍以下)放大镜来观察疲劳裂纹,通过外观对结构或材料的载荷分布、过载大小等特征作出估计,从而对疲劳破坏的程度作出判断。

典型的疲劳破坏断口有 3 个区域,按照断裂过程来分,依次是疲劳源、疲劳裂纹扩展区和瞬时破断区,如图 1.5 所示。

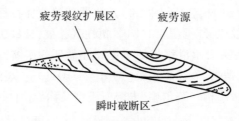

图 1.5   典型疲劳断口宏观形貌

疲劳源是疲劳破坏的起点。作为一个规律,疲劳源总是位于具有应力集中区的元件表面,或者位于各种缺陷处,例如非金属夹杂、淬致裂痕、机加痕迹等处。疲劳源也可能不止一个,有时几个疲劳源会同时出现,这种情况常常是因为有多个缺陷,特别是在高应力或高应力集中的情况下,如图 1.6 所示。

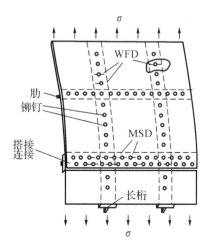

图 1.6　多细节产生的多疲劳源

[广布疲劳损伤(Widespread Fatigue Damage,WFD);多部位损伤(Multiple-Site Damage,MSD)]

　　疲劳源的邻近区域称为疲劳源区。由于疲劳裂纹源区是由多个微观裂纹的聚集引起的,所以如果这些微观裂纹不在同一平面内,就会在疲劳断口上形成台阶(在疲劳源区域)。如图 1.7 所示,图中箭头方向为裂纹扩展方向。

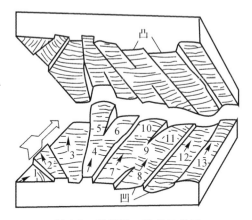

图 1.7　疲劳断口微观示意图

　　疲劳源区通常有光泽,呈现细结晶状态。这种状态是由裂纹扩展速率以及应力方向变化在裂纹表面之间的摩擦引起的。随着疲劳裂纹扩展循环次数的增加,裂纹向材料内部的扩展越来越深,形成典型的疲劳裂纹扩展区。

　　疲劳裂纹扩展区:一般情况下,疲劳裂纹扩展区的微观形貌具有解理或准解理断裂特征,但是,在材料晶界显著弱化的情况下,疲劳断裂也可以表现出沿晶断裂的特征。疲劳裂纹扩展区的形貌特征还包括宏观疲劳塑性条纹(贝壳状花样,也称为贝纹线)和脆性条纹(放射状条纹),如图 1.8(a)(b)所示。

这里需要解释解理断裂、准解理断裂和韧窝断裂这 3 个微观裂纹断裂扩展的形貌特征。图 1.9(a)(b)(c)为这 3 种典型的裂纹断裂形貌图。

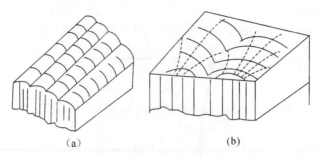

(a)   (b)

图 1.8 两类疲劳条纹示意图
(a)塑性条纹； (b)脆性条纹

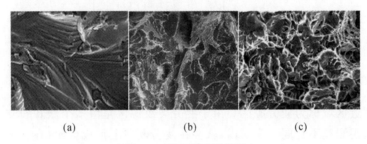

(a)   (b)   (c)

图 1.9 裂纹断裂形貌图
(a)解理断裂； (b)准解理断裂； (c)韧窝断裂

解理断裂：解理断裂的特征是宏观断口十分平坦，如图 1.9(a)所示，而微观形貌则是由一系列小裂面(每个晶粒的解理面)所构成的。在每个解理面上可以看到一些十分接近于裂纹扩展方向的阶梯，通常认为解理阶梯的形态是多种多样的，同金属的组织状态和应力状态的变化有关。

准解理断裂：这是一种穿晶断裂。蚀坑技术分析表明，多晶体金属的准解理断裂也是沿着原子键合力最薄弱的晶面(即解理面)进行的，但由于断裂面上存在较大程度的塑性变形，故断裂面不是一个严格准确的解理面。从图 1.9(b)所示的断口微观形貌特征来看，在准解理断裂中，每个小断裂面的微观形态十分类似于晶体的解理断裂，但在各小断裂面间的连接方式上又具有某些不同于解理断裂的特征，如存在一些所谓的撕裂岭，即韧窝。

韧窝断裂：通过空洞核的形成、长大和相互连接的过程进行的断裂，称为韧窝断裂。韧窝断裂是一种高能吸收过程的延性断裂。其断口特征如图 1.9(c)所示，宏观形貌呈纤维状，微观形态呈蜂窝状。断裂面是由一些细小的窝坑构成的，窝坑实际上是长大了的空洞核，通常称为韧窝。

疲劳裂纹扩展区通过目视观察，表面越光亮，作用的应力越低，主疲劳裂纹扩展的时间就越长，断面就越光滑。这个区域的表面常呈贝纹状，这是疲劳裂纹扩展过程中留下的痕迹，多见于低应力高周循环疲劳断口。对于低周循环疲劳断口，一般则观察不到这类贝纹线。

贝纹线是主裂纹前缘线，称为"疲劳线"，有时也叫作裂纹前缘休止线。裂纹扩展的过程及特征可由贝纹线的分布获得重要信息。它可能反映了在一些高载作用后的一段时间内，对裂纹的即刻扩展没有贡献的那些应力值。如果断面上没有贝纹线,可能是由于元件承受稳定的、连续的常应力幅的结果。如果贝纹线的分布很有规律,说明载荷呈周期性的、有规律的变化,贝纹线之间距离的不规律变化说明在工作过程中遭遇到载荷或者其他不规律变化因素的影响。图 1.10 给出了疲劳断口的贝纹线,图中箭头方向为疲劳裂纹的扩展方向。

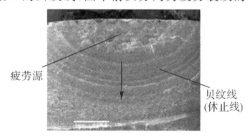

疲劳源

贝纹线
(休止线)

图 1.10　疲劳断口贝纹线

循环应力的类型和幅值对于圆钢断面的宏观形貌的影响见表 1.1。表中,疲劳裂纹扩展区的无阴影区域标出了裂纹前缘休止线的循序渐进的位置。箭头指的是裂纹扩展方向,阴影区是最后断裂区,符号 0 标的是疲劳源的位置。应注意休止线扩散的特征、疲劳源的位置和最终断裂区的大小。

表 1.1　在各种循环载荷下圆钢断面的宏观形貌

载荷		光杆		有局部应力集中的杆			
				大		小	
名称	图	高载	低载	高载	低载	高载	低载
		1	2	3	4	5	6
拉–拉							
循环弯曲							
完全反复弯曲							
旋转弯曲							

循环扭转的断裂,裂纹可能发生在最大剪应力平面和最大正应力平面两种情况下,这是因为在这些平面中的应力是相同的。对于第一种情况,断裂面平行于或垂直于扭转轴;对于第二

种情况,断裂面与扭转轴成 45°夹角。因此,可能发生混合型断裂面:裂纹在最大剪应力面起始然后转向最大正应力平面,或者相反。这就是出现图 1.11 所示变化的断面形状的原因。图 1.11 中(a)(b)发生在剪应力平面,(c)发生在正应力平面,(d)发生在剪应力和正应力两个平面,(e)(f)(g)是在高应力下的缺口元件,(h)(i)(j)是在低应力下的情况。

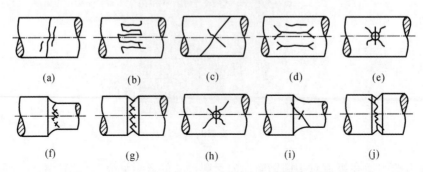

图 1.11　循环扭转产生的疲劳裂纹的可能方向示意图

第2章 疲劳的基本概念

2.1 交 变 应 力

金属材料在交变载荷（或交变应力）作用下会发生疲劳破坏。所谓交变载荷（或交变应力）是指载荷（或应力）的大小、方向随时间作周期性或不规则改变的载荷（或应力）。

为了清楚地看出应力的变化规律，可将应力 σ 随时间 t 的变化规律以图形的形式给出，图2.1所示的正弦波就是其中的一种。

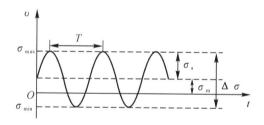

图 2.1　按正弦变化的循环应力图

（1）周期 T：应力由某一数值开始，经过变化又回到这一数值所经历的时间间隔。

（2）应力循环：在一个周期中，应力变化过程称为一个应力循环。应力循环可用循环中的最大应力 σ_{max}、最小应力 σ_{min} 和周期 T（或频率 $f=1/T$）来描述。

（3）平均应力 σ_m：应力循环中不变的（静态）分量，它的大小是

$$\sigma_m = \frac{\sigma_{max} + \sigma_{min}}{2} \tag{2.1}$$

（4）应力幅 σ_a：应力循环中的变化分量，它的大小是

$$\sigma_a = \frac{\sigma_{max} - \sigma_{min}}{2} \tag{2.2}$$

由式（2.1）和式（2.2）可知

$$\sigma_{max} = \sigma_m + \sigma_a$$
$$\sigma_{min} = \sigma_m - \sigma_a \tag{2.3}$$

因此，σ_a 也称为交变应力。

（5）应力范围 $\Delta\sigma$：也称为应力变程，是应力循环中，应力由最小到最大的变化范围，其大小为

$$\Delta\sigma = \sigma_{max} - \sigma_{min} = 2\sigma_a \tag{2.4}$$

（6）应力比 R：也称为循环特征，一个应力循环中，最小应力与最大应力的比值，即

$$R = \frac{\sigma_{\min}}{\sigma_{\max}} \tag{2.5}$$

在疲劳分析中，有时也用 σ_a 与 σ_m 的比值 AA 表示循环应力的特征，即

$$AA = \frac{\sigma_a}{\sigma_m} \tag{2.6}$$

AA 称为载荷可变性系数，它与循环特征 R 的关系是

$$\left.\begin{array}{l} AA = \dfrac{1-R}{1+R} \\[2mm] R = \dfrac{1-AA}{1+AA} \end{array}\right\} \tag{2.7}$$

表 2.1 列出了不同循环特征下的疲劳应力特征。除静载荷外，这些疲劳应力可归纳为两类：一类是单向循环，另一类是交变循环。

单向循环包括循环拉伸和循环压缩。其共同点是应力仅改变大小，不改变符号。这类循环常称为脉动循环，如脉动拉伸、脉动压缩等。其特例是零到拉伸和零到压缩的循环，在这种情况下，$\sigma_{\max} = 0$ 或 $\sigma_{\min} = 0$，因此，$|\sigma_m| = \sigma_a$，如耳片承受的疲劳应力就属于这种类型。

在交变循环中，应力的大小和方向都发生变化。其特殊情况是完全反复循环的。在这种情况下，$R = -1$，$\sigma_{\max} = |\sigma_{\min}|$，它是一个对称循环。例如，做旋转弯曲疲劳试验时，试件所承受的疲劳应力就是这种类型。除了这种特殊情况以外的任何其他循环都叫作非对称循环。在非对称循环中，$|\sigma_m| \neq 0$，$\sigma_{\max} \neq |\sigma_{\min}|$，在工程实际中，如汽车、飞机等结构中的许多构件承受的都是非对称循环应力。

表 2.1 不同循环特征下的疲劳应力特征

$\sigma = f(t)$ 的图形	循环的名称	应 力			系 数	
		$\sigma_{\max}$ 和 $\sigma_{\min}$	σ_m	σ_a	R	AA
	静载荷 · 压缩	$\sigma_{\max} = \sigma_{\min} < 0$	$\sigma_m = \sigma_{\max} = \sigma_{\min}$	$\sigma_a = 0$	$R = 1$	$AA = 0$
	拉伸	$\sigma_{\max} = \sigma_{\min} > 0$	$\sigma_m = \sigma_{\max} = \sigma_{\min}$	$\sigma_a = 0$	$R = 1$	$AA = 0$
	循环拉伸 · 拉-拉	$\sigma_{\max} > 0$ $\sigma_{\min} > 0$	$\sigma_m = \dfrac{\sigma_{\max} + \sigma_{\min}}{2} > 0$	$\sigma_a = \dfrac{\sigma_{\max} - \sigma_{\min}}{2}$	$0 < R < 1$	$0 < AA < 1$
	零-拉	$\sigma_{\max} > 0$ $\sigma_{\min} = 0$	$\sigma_m = 0.5\sigma_{\max}$	$\sigma_a = 0.5\sigma_{\max}$	$R = 0$	$AA = 1$

续 表

$\sigma = f(t)$ 的图形	循环的名称	应　　　力			系　　数	
		σ_{max} 和 σ_{min}	σ_m	σ_a	R	AA
	交变循环 / 拉为主	$\sigma_{max} > 0$ $\sigma_{min} < 0$ $\sigma_{max} > \|\sigma_{min}\|$	$\sigma_m = \dfrac{\sigma_{max} + \sigma_{min}}{2} > 0$	$\sigma_a = \dfrac{\sigma_{max} - \sigma_{min}}{2}$	$-1 < R < 0$	$1 < AA < \infty$
	对称循环	$\sigma_{max} > 0$ $\sigma_{min} < 0$ $\sigma_{max} = -\sigma_{min}$	$\sigma_m = 0$	$\sigma_a = \sigma_{max} = \|\sigma_{min}\|$	$R = -1$	$AA = \infty$
	压为主	$\sigma_{max} > 0$ $\sigma_{min} < 0$ $\sigma_{max} < \|\sigma_{min}\|$	$\sigma_m = \dfrac{\sigma_{max} + \sigma_{min}}{2} < 0$	$\sigma_a = \left\|\dfrac{\sigma_{max} - \sigma_{min}}{2}\right\|$	$-\infty < R < -1$	$-1 < AA < \infty$
	循环压缩 / 零-压	$\sigma_{max} = 0$ $\sigma_{min} < 0$	$\sigma_m = 0.5\sigma_{min}$	$\sigma_a = 0.5\|\sigma_{min}\|$	$R = -\infty$	$AA = -1$
	压-压	$\sigma_{max} < 0$ $\sigma_{min} < 0$	$\sigma_m = \dfrac{\sigma_{max} + \sigma_{min}}{2} < 0$	$\sigma_a = \left\|\dfrac{\sigma_{max} - \sigma_{min}}{2}\right\|$	$1 < R < +\infty$	$-1 < AA < 0$

2.2　疲劳强度和疲劳极限

疲劳强度是指材料或构件在交变载荷下的强度。在一定的循环特征下,材料可以承受无限次应力循环而不发生破坏的最大应力称为这一循环特征下的"持久极限"或"疲劳极限",用 σ_c 表示,它是材料抗疲劳能力的重要特性。

$R = -1$ 时,持久极限的数值最小。如果不加说明,所谓材料的持久极限就是指 $R = -1$ 时的最大应力。这时最大应力值就是应力幅的值,用 σ_{-1} 表示。

在工程应用中,由于无限次应力循环无法实现,一般取足够大的有限循环的有限循环数 N_c 来进行疲劳极限的定义,即在一定的循环特征下,材料承受 N_c 次应力循环而不发生破坏的最大应力作为材料在该循环特征下的持久极限。为了与前面所说的持久极限加以区别,有时也称为"条件持久极限"或"使用持久极限"。N_c 一般取 10^7 左右。

某些金属和合金的疲劳极限的典型值已由试验测定出来,某些国外材料的疲劳极限见表 2.2。其试验条件是实验室环境,零平均应力,试件为机械抛光,切割方向平行于受载方向。

表 2.2　某些国外材料的疲劳极限

材　　料	拉伸强度 /MPa	疲劳极限[①] /MPa
退火金	115	$\pm46(10^8)$
退火铜	216	$\pm62(10^8)$
冷作铜	310	$\pm93(10^8)$
退火黄铜	325	$\pm100(10^8)$
冷作黄铜	620	$\pm140(10^8)$
退火镍	495	$\pm170(10^8)$
冷作镍	830	$\pm280(10^8)$
镁	210	$\pm70(10^8)$
铝	108	$\pm46(10^8)$
4.5％ 铜-铝合金	465	$\pm147(10^8)$
5.5％ 锌-铝合金	540	$\pm170(10^8)$
片状石墨铸铁	310	±130
可锻铸铁	385	±185
磁性铁	294	±185
低碳钢	465	±230
铬-镍合金钢	1 000	±510
高强钢	1 700	$\pm695(10^8)$
钛	570	$\pm340(10^7)$

① 括号内的数字是测定疲劳极限时所取的循环基数。

　　应该指出的是,表 2.2 中的数据是在特定条件下得到的。对于具体引用则应考虑诸多因素的影响,例如试件的表面加工、温度和环境、加载条件以及缺口应力集中等。

2.3　S-N 曲线

　　为了评估或估算疲劳寿命,需要建立一些可行的分析方法,其中常用的是反映材料基本疲劳强度特性的 S-N 曲线,它是用若干个标准试样,在一定的平均应力 σ_m(或 R)不同的应力幅 σ_a(或 σ_{max})下进行疲劳试验,测试出试件断裂时的循环次数 N,把试验结果画在以 σ_a(或 σ_{max})为纵坐标,以 N 为横坐标的图纸上,形成的一系列点的连线称为 S-N 曲线。

　　对于任何类型的疲劳载荷,构件的这种曲线都可以通过疲劳试验来确定。但仅有光滑试件在对称循环下的轴向拉压试验获得的 $S-N$ 曲线,被认为是材料疲劳性能的典型代表,属于基本型。其他所有的 $S-N$ 曲线,如交变弯曲加载或在缺口试件上获得的 $S-N$ 曲线,则反映了其他因素的影响,而不是材料最基本性能的反映。如不另加说明,下文所说的 $S-N$ 曲线是基本的 $S-N$ 曲线。

疲劳寿命 N 的分散性很大,因此只有在一定存活率下的 $S-N$ 曲线才有意义,以后如不加说明,均指在 50% 存活率下的 $S-N$ 曲线,即中值 $S-N$ 曲线。

图 2.2 是两条 $S-N$ 曲线的示意图。曲线 a 有一条水平渐近线,它趋于一个极限值——疲劳极限 σ_{-1},这种性质的 $S-N$ 曲线对于钢和其他金属材料是有一定代表性的;曲线 b 没有水平渐近线,随着破坏循环数的增加,所能承受的应力幅将不断降低,降低的速率也不断减小,与曲线 a 不同的是,曲线 b 没有明显的持久极限,铝合金等材料的 $S-N$ 曲线常常是这种形式的。

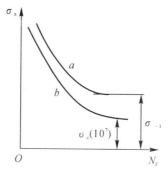

图 2.2　$S-N$ 曲线示意图

$S-N$ 曲线一般用应力控制加载试验来测定,还可以用应变控制加载试验来测定。前一种方法称为软加载循环,后一种方法称为硬加载循环。

两种方法最明显的区别在于非对称循环加载的情况。带有平均应力的软加载循环,在幅值很高时将导致动态蠕变;带有平均应变的硬加载循环导致应力松弛。在总应变脉动循环下,图 2.3 给出了一个应力松弛的例子,开始的几个循环就可以看出应力松弛。在几个循环以后,滞后环对应力来说,就趋于完全的对称循环了。应力松弛速率取决于材料、塑性应变幅和平均应变。对于具有中高强度的材料的低塑性应变幅下的循环加载,则可能观察不到应力松弛现象。

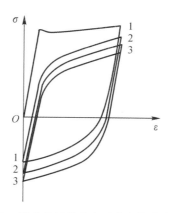

图 2.3　脉动常幅总应变下应力松弛示意图

图 2.4 是发生在带有拉伸平均应力的非对称软加载(应力控制)情况下,发生动态蠕变现象的示意图。图中平均应力和应力幅保持不变,在这一条件下材料的响应是应变幅和平均应变都发生变化。平均应变 ε_m 随循环数的增加而增加。在若干加载循环后,蠕变是停止还是继续到断裂,则取决于材料、应力幅、平均应力和温度。

对前一种情况(蠕变停止),断裂具有疲劳破坏的特点,即有裂纹的形成和扩展。

对后一种情况(继续蠕变),断裂是由于塑性不稳定而产生的。对于较高的温度,这一情况是具有典型性的,但也可能发生在室温情况下,特别是延性材料。

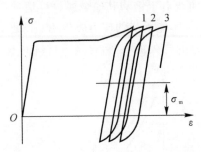

图 2.4　应力控制非对称循环下动态蠕变现象示意图

一、S-N 曲线举例

通过常幅疲劳试验得到的 S-N 曲线通常绘制在对数坐标纸上,如 σ-N_f 曲线,图 2.5 和图 2.6 所示是航空常用材料的部分 S-N 曲线。

图 2.5 所示为国产结构钢棒材 30CrMnSiNi2A(L 向)缺口试样在 $K_t=3$ 的 S-N 曲线,从图中可看出,在 $N_f > 10^6$ 后,曲线有一水平段,如 $R=0.5$ 时,该水平线对应的最大应力 $\sigma_{max} = 537.7$ MPa,该值就是这种材料在 $K_t=3$,$R=0.5$ 时的疲劳极限。

图 2.6 所示为常用航空铝合金板材 LC4CS(L 向)的 S-N 曲线,图中以不同的应力集中系数(不同缺口形状)给出相应的 σ_{max}-N_f 曲线。由图 2.6 可见,所有这些铝合金都没有明显的水平段,即没有明显的疲劳极限。

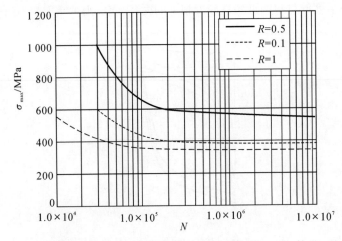

图 2.5　30CrMnSiNi2A(L 向)结构钢棒材缺口试样($K_t=3$)的 S-N 曲线

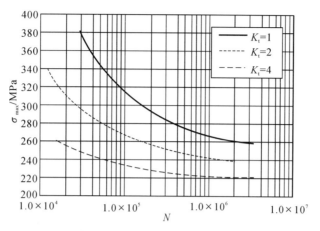

图 2.6　LC4CS(L 向) 板材不同 K_t 下的 $S-N$ 曲线($\sigma_m = 206$ MPa)

二、$S-N$ 曲线的经验公式

材料的载荷与寿命之间的关系可以直接由试验测定的 $S-N$ 曲线给出,也可以通过拟合得到的描述 $S-N$ 曲线的经验公式给出。

描述 $S-N$ 曲线主要有以下经验公式。

1. 指数函数公式

$$N e^{\alpha \sigma} = C \tag{2.8}$$

式中:α,C—— 材料常数。

对式(2.8) 两边取对数,可得

$$\ln N = a + b\sigma$$

式中:a,b—— 材料常数。

由此可见,指数函数的 $S-N$ 经验公式在半对数坐标图上为一直线。

2. 幂函数公式

$$\sigma_{\max}^{\alpha} N = C \tag{2.9}$$

式中:α,C—— 材料常数。

对式(2.9) 两边取对数,并整理后得

$$\lg N = a + b\lg \sigma_{\max}$$

式中,a,b—— 材料常数。

幂函数的 $S-N$ 经验公式在双对数坐标图上为一直线,一般该式也称为线性模型。

3. Basquin 公式

$$\sigma_a = \sigma'_f (2N_f)^b \tag{2.10}$$

式中　σ'_f—— 疲劳强度系数;

　　　b —— 试验常数。

4. Weibull 公式

幂函数公式和 Basquin 公式均为两参数公式,只适用于对高周疲劳区($N \geqslant 10^7$) 的 $S-N$ 曲线进行描述。而 Weibull 提出的公式包含了疲劳极限:

$$N = S_f (\sigma_a - A)^b \tag{2.11}$$

式中,S_f,b,A——材料常数,其中 $b < 0$,A 为理论应力疲劳极限幅值。

对式(2.11)两边取对数,整理得到

$$\lg N = a + b \lg (\sigma_a - A)$$

式中,a,b——材料常数。

幂函数的 S-N 经验公式在双对数坐标图上为非线性的,一般该式也称为非线性模型。工程中该式常取 σ_{max} 进行描述,则有

$$\lg N = a + b \lg (\sigma_{max} - A')$$

式中:a,b——材料常数;

A'——理论应力疲劳极限最大值。

需要说明的是,上述的 S-N 曲线拟合公式的拟合参数不具有通用性,即每一个公式中的参数必须使用相对应的公式拟合获得。

2.4 ε-N 曲线

针对应力水平或疲劳循环数的不同,疲劳分为高周疲劳和低周疲劳,或称为应力疲劳与应变疲劳。一般材料在进入塑性之后,应力变化较小,而应变变化较大,这种情况下控制应变更为合理。因此此时寿命常采用联系应变与疲劳寿命的 ε-N 曲线进行描述。

20 世纪 50 年代初期,曼森(Manson)和柯芬(Coffin)首先根据低循环疲劳试验数据,把塑性应变幅与到断裂的循环数联系起来,用应变幅表示疲劳寿命数据。目前,用应变表达疲劳寿命数据已和用应力表达式的疲劳寿命数据(S-N)曲线一样重要,对于缺口构件低周疲劳的疲劳分析甚至比应力表示更为重要、更为优越。

一、ε_{ap}-N_f 曲线

描述塑性应变幅 ε_{ap} 与破坏循环数 N_f 关系的曼森-柯芬方程为

$$\varepsilon_{ap} = \varepsilon_f (2N_f)^c \tag{2.12}$$

式中:ε_f——疲劳延性系数,由曼森-柯芬曲线外推到第一个半循环($2N_f = 1$)的塑性应变幅;

c——疲劳延性指数,表示在双对数坐标中该曲线的斜率,一般 c 的值为 $-0.7 \sim -0.5$,工程中常取 $c = -0.6$ 进行估算分析。

疲劳延性系数 ε_f 与拉伸试验的断裂真应变 ε_c 具有一定的关系,这就使得人们为了寻求 ε_f 与 ε_c 的关系而做了大量的研究,结果指出 ε_f 在 $0.35\varepsilon_c \sim 1.0\varepsilon_c$ 之间变化,一般得到疲劳延性系数 ε_f 的可靠方法是直接做试验求曼森-柯芬曲线。

图 2.7 是由试验确定的曼森-柯芬曲线例子。该曲线的疲劳寿命范围为 $10^2 \sim 10^7$ 次循环。高循环疲劳区的结果由高频(80 Hz)循环获得,低循环区的结果由低频循环获得。两种情况都是在应变控制下进行试验的。在双对数坐标上的直线和试验点拟合得很好,这说明幂函数规律式(2.12)是很合适的。该幂函数规律一直保持到 ε_{ap} 接近 10^{-5} 的量级(对应的循环次数接近 10^7 量级)。在该数值左右有 ε_{ap} 的一个门槛值,可称为应变疲劳极限或应变持久极限,低于该应变值则不会发生疲劳断裂。

另外,也有许多试验数据用幂函数描述的曼森-柯芬曲线不能代表试验数据的最好拟合,

有时曲线稍向下凹。当然对这种情况,能找到其他合适的数学表达式就更好。但是,对于大多数情况,该简单的幂函数规律是足够好的。

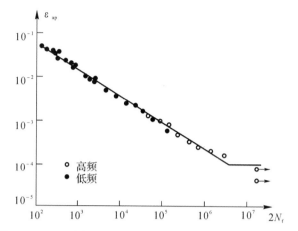

图 2.7　11423 碳钢的曼森-柯芬曲线(覆盖高、低循环两区域)

二、$\varepsilon_a t - N_f$ 曲线

许多真正的机器零件是在常幅总应变幅下工作的,疲劳试验也常在控制总应变幅的条件下进行。总应变幅由塑性应变幅 ε_{ap} 和弹性应变幅 ε_{ae} 组成,如图 2.8 所示。弹性应变幅由胡克定律与应力幅相联系,即 $\varepsilon_{ae} = \sigma_a / E$。总应变幅 ε_{at} 表示的疲劳寿命曲线就可由式(2.10)和式(2.12)相加而成

$$\varepsilon_{at} = \varepsilon_{ae} + \varepsilon_{ap} = \frac{\sigma_f}{E}(2N_f)^b + \varepsilon_f(2N_f)^c \tag{2.13}$$

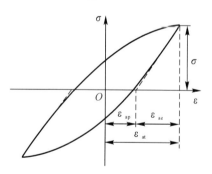

图 2.8　应力应变滞后环示意图

由 $S - N$ 曲线与曼森-柯芬曲线相加的结果表示在图 2.9 中。在低循环范围,塑性应变幅占优势;在高循环范围,则弹性应变幅占优势。工程中常常把图中的 ε_{ae} 部分称为弹性线,ε_{ap} 部分称为塑性线。对弹性应变幅恰好等于塑性应变幅处所对应的循环数叫作转变循环数(转变寿命),用 $2N_T$ 表示。

获得 $\varepsilon_{at} - N_f$ 曲线的最好方法是在应变控制下进行疲劳试验。但是进行这种试验既费时又费钱。从设计观点出发,特别是在设计的初始阶段,用可以接受的近似方法估计结构的疲劳性能,常常是有实际意义的。基于这一原因,利用容易得到的某些材料数据,预先估计一条疲

劳寿命曲线是很必要的。现在介绍 3 种可供采用的近似方法。

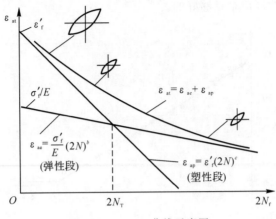

图 2.9　$\varepsilon_{at} - N_f$ 曲线示意图

(一) 曼森通用斜率法

曼森根据多种金属材料(包括钢、不锈钢、钛合金、铝合金及其他一些金属)的试验结果，认为塑性线可用一条斜率为 -0.6 的直线近似表达，弹性线可用一条斜率为 -0.12 的直线近似表达，即用一种"通用的斜率"来近似确定应变寿命曲线，故称这种方法为通用斜率法。其表达式为

$$\Delta\varepsilon_t = 2\varepsilon_{at} = 3.5\frac{\sigma_b}{E}N_f^{-0.12} + D^{0.6}N_f^{-0.6} \tag{2.14}$$

式中：

$$D = \ln\frac{1}{1-\psi} \tag{2.15}$$

ψ—— 断面收缩率，其大小为

$$\psi = \frac{F_0 - F_f}{F_0} \times 100\% $$

F_0—— 试件的初始横截面积；

F_f—— 试件断裂时颈缩处的横截面积。

其他符号与前面的定义相同。

(二) 曼森四点关联法

该方法的出发点是材料的弹性应变范围的分量 $\Delta\varepsilon_e(=2\varepsilon_{ae})$ 和塑性应变范围分量 $\Delta\varepsilon_p(=2\varepsilon_{ap})$ 与循环寿命间均成直线关系，于是，在弹性线与塑性线上各确定两个点(见图 2.10 上的 P_1, P_2, P_3 和 P_4)。连接每条直线上的两个点构成弹性线和塑性线，再把两条直线叠加，就得到总应变范围 $\Delta\varepsilon_t(=2\varepsilon_{at})$ 与循环寿命 N_f 的曲线。曼森建议的这 4 个点的经验数据是

在弹性线上

$$P_1: \quad N_f = \frac{1}{4}, \quad \Delta\varepsilon_e(=2\varepsilon_{ae}) = 2.5\left(\frac{\sigma_b}{E}\right) \tag{2.16}$$

$$P_2: \quad N_f = 10^5, \quad \Delta\varepsilon_a = 0.9\left(\frac{\sigma_b}{E}\right) \tag{2.17}$$

在塑性线上

$$P_3: \quad N_f = 10, \quad \Delta\varepsilon_p(=2\varepsilon_{ap}) = \frac{1}{4}^{3/4} \tag{2.18}$$

$$P_4: \quad N_f = 10^4, \quad \Delta\varepsilon_p = \frac{0.013\ 2 - \Delta\varepsilon_e^*}{1.91} \tag{2.19}$$

式中：$\Delta\varepsilon_e^*$——弹性线上的一点，对应于 $N_f = 10^4$ 的 $\Delta\varepsilon_e$ 的值。

其他符号意义同前。

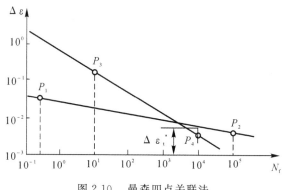

图 2.10　曼森四点关联法

(三) 朗格(Longer) 假想应力法

朗格定义了一个假想应力 σ_{af}：

$$\sigma_{af} = E\varepsilon_{at} = E(\varepsilon_{ae} + \varepsilon_{ap}) = \sigma_a + E\varepsilon_{ap} \tag{2.20}$$

如果用式(2.12)表达 ε_{ap}，并近似选定，则有

$$\sigma_{af} = \sigma_b + \frac{E}{\sqrt[4]{N_f}}\varepsilon_f \tag{2.21}$$

此外，朗格又忽略 σ_a 随寿命变化，而保守地用疲劳极限 σ_e 代替 σ_a，式(2.21)可写成

$$\sigma_{af} = \sigma_b + \frac{E}{\sqrt[4]{N_f}}\varepsilon_f \tag{2.22}$$

或

$$\varepsilon_{at} = \frac{\sigma_e}{E} + \frac{\varepsilon_f}{\sqrt[4]{N_f}} \tag{2.23}$$

用式(2.22)表达的疲劳寿命曲线在很高或很低的寿命范围给出接近真实的结果，一般情况给出偏保守的结果。因此，没有试验数据时，也可保守地近似选用该式。

2.5　循环应力–应变曲线

与单调加载的应力–应变曲线不同，循环应力–应变曲线用来描述在循环加载下应力–应变响应特性。循环加载时，材料有两种可能的响应特征，即"循环应变硬化"和"循环应变软化"。

"循环应变硬化"是指在应变范围 $\Delta\varepsilon$ 是常数的情况下,应力幅值随着循环加载次数的增加而逐渐增加,即材料的抗变形能力随着循环次数的增加而变大;"循环应变软化"是指在应变范围 $\Delta\varepsilon$ 是常数的情况下,应力幅值随着循环加载次数的增加而逐渐减小,即材料的抗变形能力随着循环次数的增加而变小。

同样,如果用应力控制进行试验,可以得到相应的"循环应力硬化"和"循环应力软化",材料这种变化示意图如图 2.11 所示。

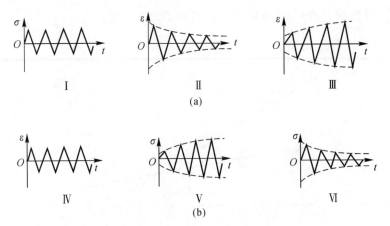

图 2.11　疲劳瞬态响应的循环硬化和循环软化示意图

(a)Ⅰ 应力控制加载,Ⅱ 循环硬化应变的应变响应,Ⅲ 循环软化应变的应变响应;

(b)Ⅳ 应变控制加载,Ⅴ 循环硬化的应力响应,Ⅵ 循环软化的应力响应

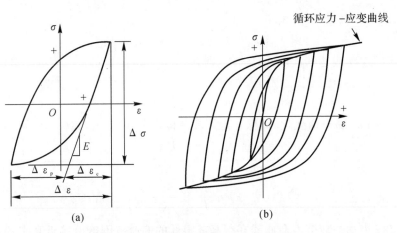

图 2.12　材料的疲劳循环应力-应变曲线

(a)稳定滞后回线;　(b)循环应力-应变曲线

在经过一定循环后,其应力幅或应变幅就达到一稳定饱和值,在这种饱和状态下出现稳定的滞后回线。此后,试样在剩余的寿命期内,滞后回线基本保持不变。

图 2.12(a)给出了描述循环滞后回线的主要特征参量,稳定后滞后回线顶点的轨迹给出了循环应力-应变曲线,如图 2.12(b)所示。

应力控制疲劳和应变控制疲劳代表两个极限,前者是完全无约束加载,后者是完全约束加载。在实际工程中,在疲劳关键部位通常是存在一定量的材料约束的,因此实际使用中以应变控制获得疲劳试验数据更为合理。

为了描述循环应力-应变曲线,人们借用单轴拉伸的应力-应变曲线来描述循环应力-应变曲线,其表达式为

$$\Delta\varepsilon = \frac{\Delta\sigma}{E} + 2\left(\frac{\Delta\sigma}{2K'}\right)^{\frac{1}{n_f}} \tag{2.24}$$

式中　　K' —— 循环强度系数;

　　　　n_f —— 循环应变硬化指数。

对于大多数金属来说,尽管它们的循环硬化和软化特征有很大差异,但 n_f 都是在 $0.1 \sim 0.2$ 之间变化的,表 2.3 列出了一些常用合金材料的应变硬化特征参数。

表 2.3　某些材料的 K' 和 n_f

材料	K'/MPa	n_f
2024—T4	448	0.09
6061—T651	296	0.10
7075—T6	517	0.10

2.6　等寿命曲线

由 $S\text{-}N$ 曲线可以看出,σ_{max} 的数值越高,疲劳破坏的循环次数越少。事实上,这是对一定的应力状况(即一定的循环特征 R 或一定的平均应力 σ_m)而言的。当循环特征 R 改变时,材料的 $S\text{-}N$ 曲线也跟着发生变化。如果在几个循环特征下进行试验,就会得到该材料的 $S\text{-}N$ 曲线族。图 2.13 就表示 2024—T3 铝合金的 $S\text{-}N$ 曲线族。

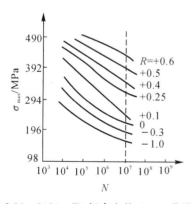

图 2.13　2024—T3 铝合金的 $S\text{-}N$ 曲线族

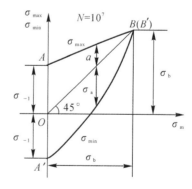

图 2.14　等寿命曲线图

如果在 $N = 10^7$ 处作一垂直线(见图 2.13 中的虚线),虚线与各条 $S\text{-}N$ 曲线交点的纵坐标 σ_{max} 就表示在指定寿命为 10^7 时各循环特征下的疲劳强度。根据每一个 R 及其对应的最大应力 σ_{max},算出最小应力 σ_{min} 和平均应力 σ,再以 σ_{max} 与 σ_{min} 为纵坐标,平均应力 σ 为横坐标,就能

作出等寿命曲线图(也称为古德曼图),如图 2.14 所示。曲线 AB 表示最大应力 σ_{max},曲线 $A'B'$ 表示最小应力 σ_{min}。等寿命曲线在疲劳设计和疲劳寿命估算中是十分重要的曲线,利用它可以大大减少试验工作量。

在对称循环情况下,即 $R=-1$ 时,$\sigma_{max}=-\sigma_{min}=\sigma_{-1}$,对应图 2.14 中的 A,A' 点。在静载荷情况下,即 $R=1$ 时,$\sigma_{max}=\sigma_{min}=\sigma_b$,对应于图 2.14 中的 $B(B')$ 点。

用直线连接 O,B 两点,则 OB 为倾斜度为 $45°$ 的直线。由于曲线 AB 和 $A'B'$ 分别表示 σ_{max} 和 σ_{min},OB 线上各点的纵坐标等于平均应力。

因此,曲线 AB 和 $A'B'$ 所包围的面积表示在 10^7 循环内不发生破坏的交变应力范围。

应该指出,这种说法只是为了说明等寿命曲线的意义,没有涉及试验结果的分散性。

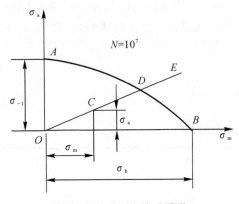

图 2.15　$\sigma_a - \sigma_m$ 关系图形

从等寿命曲线上可以看出,若要求的寿命(循环次数)不变,则应力幅 σ_a 随平均应力 σ_m 改变而变化的情况,常常把等寿命曲线画成如图 2.15 所示的 $\sigma_a - \sigma_m$ 关系图形。在曲线 $OADB$ 区域内任何一点都表示在规定寿命(10^7)内不发生疲劳破坏。若在曲线 ADB 外侧任一点 E 所对应的平均应力和应力幅下循环加载,则到不了规定的寿命就早已发生疲劳破坏。而用曲线 ADB 上的任一点所对应的平均应力和应力幅循环加载则恰好在规定的寿命时疲劳破坏。

当然,这种说法也只是为了说明等寿命曲线的意义,没有涉及材料疲劳的分散性。比值 $AA=\sigma_a/\sigma_m$ 也可作为应力变化的特征。在 $\sigma_a - \sigma_m$ 图上可以看出,由原点 O 出发的任何一条直线,在它上面的所有点(见图 2.15 中的 C,D,E 各点)其比值 AA 都是相同的。

在结构的抗疲劳设计中,为了把材料的疲劳性能更清楚、更全面地反映出来,常常利用所谓的"典型疲劳特征图"(见图 2.16)。这个图的中间部分,实际上就是 $\sigma_a - \sigma_m$ 图,只是 σ_a 及 σ_m 的坐标轴画成斜的方向了。图中垂直及水平方向的坐标轴则分别为 σ_{max} 和 σ_{min}。因此,典型的疲劳特征图实际上就是一种等寿命图。

如前所述,在 $\sigma_a - \sigma_m$ 图中,由原点画的任一条射线上,其各点对应的比值 $AA=\sigma_a/\sigma_m$ 为常数。同样,在典型疲劳特征图中,过原点的任何直线上各点对应的比值 $R=\sigma_{min}/\sigma_{max}$ 也为常数。在图 2.16 中,对每一条由原点所画的直线都分别标明了对应的 AA 与 R 的数值。利用图 2.16 所示的典型疲劳特征图,可以根据所要求的寿命(即循环数),在一定的循环特征 R 下,直接查到相应的应力幅 σ_a 及平均应力 σ_m 的大小。反过来,若已知 σ_a 和 σ_m(或 σ_{max} 和 σ_{min})的值,也可由它查到相对应的寿命(循环数)。

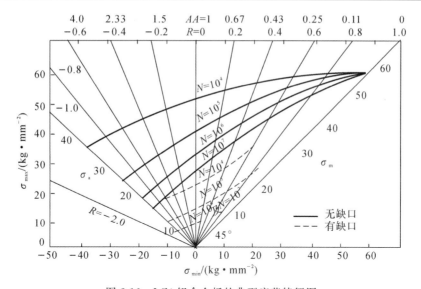

图 2.16　LC4 铝合金板的典型疲劳特征图

材料：LC4 板材，$\delta = 2.5$ mm，$\sigma_b = 549$ MPa；应力集中系数：$K_t = 1$；

试验条件：轴向加载，$\sigma_m = 7$ MPa，70 MPa，140 MPa，210 MPa；频率：$f = 110 \sim 130$ Hz

图 2.16 所示材料的疲劳特征图都是根据试验结果绘制的。目前也常用经验公式表示材料（光滑试件）的等寿命图，如图 2.17 所示，主要有以下几种。

1. 古德曼（Goodman）公式

$$\sigma_a = \sigma_{-1} \left(1 - \frac{\sigma_m}{\sigma_b} \right) \tag{2.25}$$

2. 杰柏（Gerber）公式

$$\sigma_a = \sigma_{-1} \left[1 - \left(\frac{\sigma_m}{\sigma_b} \right)^2 \right] \tag{2.26}$$

3. 索德伯格（Soderberg）公式

对于塑性材料，有时把材料受到的应力达到屈服极限 σ_s 作为破坏的标志，于是工程上把式（2.26）进一步改写为

$$\sigma_a = \sigma_{-1} \left(1 - \frac{\sigma_m}{\sigma_s} \right) \tag{2.27}$$

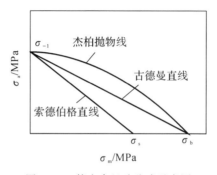

图 2.17　等寿命经验公式示意图

第3章　影响疲劳强度的因素

材料基本的 S-N 曲线只代表标准光滑试样的疲劳性能,而实际零件的尺寸、形状和表面状况各式各样,当进行零件疲劳强度设计时必须考虑这些因素对疲劳强度的影响。影响机械零件疲劳强度的因素有很多,见表 3.1。本章将简要讨论工程中常遇到的影响疲劳强度的因素:应力集中、尺寸和表面粗糙度。

表 3.1　影响疲劳强度的因素

工作条件	工作温度、工作环境
载荷条件	应力状态、循环特征、高载效应、载荷交变频率
零件几何外形	尺寸效应、缺口效应
工件表面状态	表面粗糙度、表面防腐蚀、表面强化
材料本质	化学成分、金相组织、纤维方向、内部缺陷

3.1　应力集中的影响

受力构件由于几何形状、外形尺寸发生突变而引起局部范围内应力显著增大的现象称为"应力集中"。其严重程度用理论应力集中系数 K_t 表示:

$$K_t = \frac{最大局部弹性应力\ \sigma_{\max}}{名义应力\ \sigma_n} \tag{3.1}$$

名义应力 σ_n 有两种定义:一是净截面应力,另一是毛面积应力。

图 3.1 为带孔薄板在外力 F 作用下的应力分布云图,颜色越深表示应力越大。该云图表明孔边应力集中现象明显。

设板厚 t,板宽 W,孔半径 r,以净截面面积计算该截面的平均应力,即名义应力 σ_n,有

$$\sigma_n = \frac{F}{(W - 2r)t}$$

设平板孔边最大应力为 $\sigma_{\max}$,则孔边应力集中系数 K_t 为

$$K_t = \frac{\sigma_{\max}}{\sigma_n}$$

研究表明,应力集中大幅增大了疲劳裂纹的形成概率和扩展速率,因而应力集中大大降低了零件的疲劳强度。

将有应力集中的零件的疲劳极限与无应力集中的光滑试样的疲劳极限的比值称为疲劳缺口系数,用 K_f 来表示。设 $(S_{-1})_d^K$ 是对称循环下应力集中大试样的疲劳极限,$(S_{-1})_d$ 表示对称

循环下光滑大试样的疲劳极限,则疲劳缺口系数为

$$K_f = \frac{(S_{-1})_d}{(S_{-1})_d^K} \tag{3.2}$$

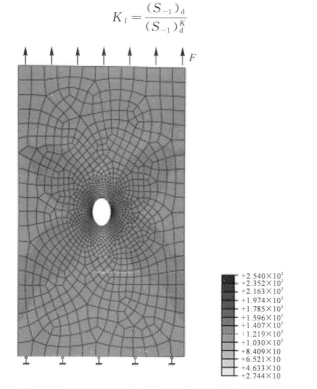

图 3.1　带孔薄板在外力 F 作用下的应力分布云图

显然,K_f 是大于 1 的,其值由试验决定。我国和俄罗斯的文献中,常将疲劳缺口系数称为有效应力集中系数,弯曲(或挤压)时的有效应力集中系数用 K_σ 表示,扭转时的有效应力集中系数用 K_τ 表示,有

$$K_\sigma = \frac{(\sigma_{-1})_d}{(\sigma_{-1})_d^K} \tag{3.3}$$

$$K_\tau = \frac{(\tau_{-1})_d}{(\tau_{-1})_d^K} \tag{3.4}$$

式中:$(\sigma_{-1})_d$ —— 在对称循环下,光滑大试样弯曲时的疲劳极限;

$(\tau_{-1})_d$ —— 在对称循环下,光滑大试样扭转时的疲劳极限;

$(\sigma_{-1})_d^K$ —— 在对称循环下,应力集中大试样弯曲时的疲劳极限;

$(\tau_{-1})_d^K$ —— 在对称循环下,应力集中大试样扭转时的疲劳极限。

现在来讨论理论应力集中系数 K_t 与有效应力集中系数 K_f 之间的关系。对于塑性较好的材料(如低碳钢),其 K_f 低于 K_t,但对塑性较差的材料(如高碳钢),则 K_f 一般都接近于 K_t。这是因为塑性材料在局部应力达到屈服应力时,这些局部地区将产生塑性变形,从而降低了应力集中的影响。

为了对 K_f 和 K_t 之间给出数值上的评价,常常引用所谓的"敏感系数 q"进行描述,q 定义为

$$q = \frac{K_f - 1}{K_t - 1} \tag{3.5}$$

或

$$K_f = 1 + q(K_t - 1) \tag{3.6}$$

由上述分析可知,敏感系数 q 在 $0 \sim 1$ 之间变化。当应力集中对疲劳强度只有微小的影响时,K_f 接近于 1,则 $q \to 0$,说明试样对应力集中几乎没有敏感性。当应力集中对疲劳强度影响明显时,K_f 应接近于 K_t,则由式(3.5)可得 q 接近于 1,表示试样对应力集中非常敏感。敏感系数一般与材料有关。

对飞机中常用的铝合金材料,估算敏感系数的经验公式为

$$q = \frac{1}{1 + 0.9/\rho} \tag{3.7}$$

式中:ρ—— 缺口处的曲率半径。

Neuber 通过大量的研究工作认为,K_f 与 K_t 的不同是与应力梯度有关的,并假设应力在一个小的深度 A 范围内取平均值,推荐用下式近似计算 K_f:

$$K_f = 1 + \frac{K_t - 1}{1 + \sqrt{A/\rho}} \tag{3.8}$$

式中　ρ—— 缺口根部半径;

　　　A—— 材料常数,取值见表 3.2。

表 3.2　不同材料的 Neuber 常数 A

σ_b/MPa	钢			铝合金		
	500	1 000	2 000	150	300	600
A/mm	0.25	0.08	0.000 2	2	0.6	0.4

应该指出,确定有效应力集中系数最可靠的方法是直接进行试验或查阅有关试验数据,式(3.7)和式(3.8)只有在没有可参考数据的情况下才使用。

定性分析应力集中的大小时,可借助流线的概念进行分析,即"流体力学比拟"的概念。如图 3.2(a)(b)(c) 所示,应力流线在缺口处变密,表示该处出现了应力集中,并且应力集中越大,流线变化越明显。

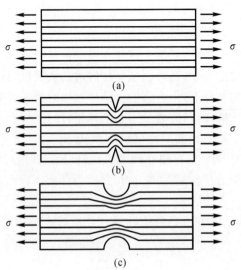

图 3.2　平板受力流线示意图

如图 3.3(a)(b) 所示,平板受拉后,若无裂纹,应力流线均匀分布;但存在裂纹后,应力在裂纹处高度密集。

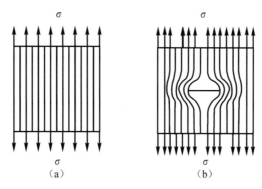

图 3.3　含裂纹结构的应力流线图

3.2　尺　寸　效　应

试验表明,疲劳极限随零件尺寸的增大而降低。

图 3.4 为两个圆柱试样,承受弯矩载荷 M,若两个试样的最大应力 σ_{max} 相等,则对于图中的高应力区 $[\sigma',\sigma_{max}]$,由于材料的不均匀性,以及材料内部缺陷存在的必然性,对于大尺寸试样,由于尺寸增大,大尺寸试样在高应力区域内的材料,要多于小试样在此应力区域内的材料,则大试样缺陷存在的概率大于小试样的,或者说缺陷的个数多于小试样的,因此大尺寸试样的性能下降,产生疲劳裂纹的可能性就变大,故大试样的疲劳极限比小试样的疲劳极限要低。

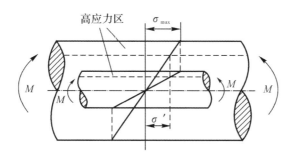

图 3.4　受弯矩载荷的圆柱形试样

另外,从材料晶粒尺寸角度看,高强度钢的晶粒比低强度钢的晶粒更细小。在相同尺寸条件下,晶粒越小,在相同应力水平作用下,高应力区所包含的晶粒个数越多,这样就更容易形成出现疲劳裂纹的条件。因此,高强度钢受尺寸的影响比低强度钢严重。

同理,高强度钢对应力集中比低强度钢敏感。

现有资料表明:尺寸效应与加载方式有关。拉压疲劳试验时,在直径为 $0\sim50$ mm 的范围内,未发现明显的尺寸效应。弯曲时的尺寸效应最大,扭转时的尺寸效应与弯曲时相比要小些。

在对称循环下,光滑大试样的疲劳极限为 $(S_{-1})_d$,光滑小试样的疲劳极限为 S_{-1},则两者

的比值称为尺寸系数,用 ε 表示,即

$$\varepsilon = \frac{(S_{-1})_d}{S_{-1}} \tag{3.9}$$

由于 $(S_{-1})_d < S_{-1}$,所以 ε 总是一个小于 1 的系数。

3.3 表面粗糙度

表面粗糙度对疲劳强度有很大的影响,零件经表面加工后所造成的表面缺陷,是引起应力集中的因素,因而降低了构件的疲劳强度。

已知各种碳钢和低合金钢制的精磨试样和机械抛光试样的旋转弯曲疲劳极限通常差不多。粗磨使疲劳极限平均降低 $10\% \sim 25\%$,而粗车使疲劳极限平均降低 10% 左右。对于铝合金,粗车和磨光似乎使长期疲劳强度比精抛光试样降低 $10\% \sim 20\%$,表 3.3 列出了各种铝合金以疲劳强度与抗拉强度比值表示的一些试验数据。

表 3.3   不同表面加工工艺的铝合金试样疲劳强度数据

表面精加工方法	表面粗糙度 μm	疲劳强度(10^7 次循环)	
		DTD683 $\sigma_b = 550$ MPa	BS6L1 $\sigma_b = 350 \sim 510$ MPa
粗加工	2.5	0.29	0.31
精加工	1.6	0.29	0.31
抛光外圆	0.23	0.31	0.33
纵向抛光	0.14	0.33	0.35

第4章　结构疲劳寿命估算

前文已经介绍了描述材料性能的 $S-N$ 曲线。在常幅载荷作用下,可以应用有关的 $S-N$ 曲线预测材料或结构的循环疲劳寿命。在实际工程中,结构承受的载荷都是复杂的变幅疲劳载荷,因此直接使用 $S-N$ 曲线进行结构寿命估算是不合适的,也是不现实的,有必要给出工程可用的疲劳累积损伤方法进行结构寿命的估算,本章主要介绍工程中常用的线性疲劳累积损伤理论。

4.1　线性疲劳累积损伤理论

线性疲劳累积损伤理论是指在循环载荷作用下,疲劳损伤是线性累加的,各个应力之间相互独立且互不相关,当累加损伤达到某一数值时,试件或构件就发生疲劳破坏。线性疲劳累积损伤理论中最简单、最适用的是 Palmgren-Miner 假设,或简称为 Miner 理论,或直接称为线性累积损伤理论。

Miner 理论的假设如下:

(1)一个循环造成的损伤:

$$D = \frac{1}{N} \tag{4.1}$$

式中:N——对应于当前载荷水平 σ 的疲劳寿命。

(2)等幅载荷下,n 个循环造成的损伤:

$$D = \frac{n}{N} \tag{4.2}$$

变幅载荷条件下,l 个不同的应力水平造成的损伤:

$$D = \sum_{i=1}^{l} \frac{n_i}{N_i} \tag{4.3}$$

式中:l——变幅载荷的应力水平数;

　　　n_i——第 i 级载荷的循环次数;

　　　N_i——对应于第 i 级载荷水平 σ_i 的疲劳寿命。

(3)临界疲劳损伤 D_{CR}:若是常幅循环载荷,显然当循环载荷的次数 n 等于其疲劳寿命 N 时,疲劳破坏发生,即 $n=N$,由式(4.2)可以得到

$$D_{CR} = 1 \tag{4.4}$$

Miner 理论是一个线性疲劳累积损伤理论,它没有考虑载荷次序的影响,而实际上加载次序对疲劳寿命的影响很大,对此已有了大量的试验研究。对于二级或者很少几级加载的情况下,试验件破坏时的临界损伤值 D_{CR} 偏离 1 很大。对于随机载荷,试验件破坏时的临界损伤值 D_{CR} 在 1 附近,这也是目前工程上广泛采用 Miner 理论的原因。

4.2 修正的线性疲劳累积损伤理论

线性疲劳累积损伤理论形式简单、使用方便,但是线性疲劳累积损伤理论没有考虑应力之间的相互作用,而使预测结果与试验值相差较大,有时甚至相差很远。人们从不同角度对 Miner 理论进行修正,获得了修正的线性疲劳累积损伤理论,其中典型的是 Corten-Dolen 理论。

该理论认为:疲劳损伤可以想象为裂纹的累积与联合,裂纹成核期很短甚至接近于零。疲劳损伤与损伤核心数及裂纹扩展速率有关,损伤核心数随应力 σ 的增加而增加,并且只与应力相关;随着循环数的增加,裂纹扩展速率增加,则一个循环造成的损伤为

$$D = n m r^d \tag{4.5}$$

式中:m —— 材料损伤核心数;

$\quad r$ —— 损伤扩展速率,与应力 σ 成正比;

$\quad n$ —— 给定应力作用次数;

$\quad d$ —— 材料常数。

则所有的应力时间历程,疲劳破坏时总的损伤 D 对于一个给定的构件是一个常数。因此,对于一个载荷序列引起的损伤为

$$D = \sum_{i=1}^{p} n_i m_i r_i^d \tag{4.6}$$

式中:n_i —— 第 i 级载荷的循环次数,$\sum_{i=1}^{p} n_i = N$;

$\quad p$ —— 交变载荷的级数,设 n_i 在总载荷中占的比例为 α_i,即 $n_i = \alpha_i N$。

因此式(4.6)可以改写为

$$D = N \sum_{i=1}^{p} \alpha_i m_i r_i^d \tag{4.7}$$

假设载荷序列中,最大载荷所对应的序号为"1",对应的寿命为 N_1,则临界损伤运用该载荷描述为

$$D_c = N_1 m_1 r_1^d \tag{4.8}$$

因此,载荷序列施加后达到破坏时有

$$D = N \sum_{i=1}^{p} \alpha_i m_i r_i^d = N_1 m_1 r_1^d \tag{4.9}$$

该理论假设认为,m 只与应力相关,而与其他因素都无关,因此结构中的损伤核心数只与最大应力相关,故可以认为 $m_i = m_1$,则式(4.9)变为

$$N \sum_{i=1}^{p} \alpha_i r_i^d = r_1^d N_1 \tag{4.10}$$

即
$$N/N_1 = \sum_{i=1}^{p} \frac{r_1^d}{(\alpha_i r_i)^d} \tag{4.11}$$

因为损伤发展速率 r 正比于应力水平 σ，所以有 $r_1/r_i = \sigma_1/\sigma_i$，因此

$$\frac{N}{N_1} = \frac{1}{\sum\limits_{i=1}^{p} \alpha_i \left(\dfrac{\sigma_i}{\sigma_1}\right)^d} \tag{4.12}$$

式中：σ_1 —— 本次载荷循环中最大的一次载荷；

　　　N_1 —— 对应于 σ_1 的疲劳寿命；

　　　d —— 材料常数，Corten 和 Dolan 基于疲劳试验数据建议取：

（1）2024—T4 铝合金　　　　$d = 5.8$；

（2）7075—T6 铝合金　　　　$d = 5.8$；

（3）高强度钢　　　　　　　$d = 4.8$；

（4）硬拉钢　　　　　　　　$d = 5.8$。

4.3　应力寿命估算

一、名义应力法

名义应力法的基本思路是用真实结构或结构件模拟进行疲劳寿命试验，获得真实结构在名义应力下的 S-N 曲线。然后通过计算得到该部位的名义应力谱及线性累积损伤理论计算结构的疲劳寿命。

由于用于计算寿命的 S-N 曲线是直接由真实结构或结构模拟的试验得到的，使得应力集中、尺寸效应及表面加工质量等影响疲劳强度的各因素能够得到尽量精确的体现，因此疲劳寿命计算精度较高，是飞机重要部件疲劳寿命计算的常用方法。但是名义应力法需要结构的 S-N 曲线，试验费用非常高昂。现在结合一个实际的例子介绍名义应力法的计算步骤。

例：飞机机翼某危险部位，材料为 LY12CZ 铝合金，抗拉强度 $\sigma_b = 443$ MPa，由疲劳试验得到该结构的 S-N 曲线拟合方程见表 4.1，危险部位的飞行应力载荷谱见表 4.2，试计算接头的疲劳寿命。

表 4.1　LY12CZ 铝合金的 S-N 数据（$K_t = 2$）

平均应力 /MPa	S-N 曲线拟合方程（σ/MPa）	适用范围
69	$\lg N = 9.545\,8 - 2.540\,7\lg(\sigma_{max} - 87.6)$	$\leqslant 10^7$

表 4.2　飞行应力载荷谱

级　数	σ_{max}/MPa	σ_{min}/MPa	循环次数 n
1	93	—22	8 450
2	141	19	672

续表

级 数	σ_{max}/MPa	σ_{min}/MPa	循环次数 n
3	220	−64	58
4	318	−121	2
5	342	27	7
6	193	0	130
7	176	41	982
8	85	−59	5 180

由于表 4.1 中给出的 $S\text{-}N$ 曲线拟合方程仅是在平均应力为 69 MPa 下得到的，而表 4.2 中的飞行应力载荷谱中各级载荷的平均应力各不相同，所以需要进行平均应力修正，平均应力修正采用 Goodman 方法，公式为

$$\sigma_a = \sigma_{-1}[1 - (\sigma_m/\sigma_b)]$$

经过平均应力修正，根据 $S\text{-}N$ 曲线拟合方程，即可求得各级载荷下的疲劳寿命 N_i，然后计算该级载荷造成的疲劳损伤 $D_i = n_i/N_i$，并按 Miner 理论估算疲劳寿命，其估算结果见表 4.3。

表 4.3　疲劳寿命估算表

级数	σ_a/MPa	σ_m/MPa	循环次数 n_i	疲劳寿命 N_i	疲劳损伤 D_i
1	57.5	35.5	8 450	445 832.00	0.018 253
2	61.0	80.0	672	231 354.28	0.002 906
3	142.0	78.0	58	15 905.05	0.003 643
4	219.5	98.5	2	3 683.66	0.000 507
5	157.5	184.5	7	4 463.06	0.001 569
6	96.5	96.5	130	43 312.04	0.003 002
7	67.5	108.5	982	122 227.29	0.008 034
8	72.0	13.0	5 180	234 303.27	0.022 107

一块谱造成的疲劳损伤为 $\sum D_i$，疲劳寿命 C_p 为

$$C_p = 1/\sum_{i=1}^{8} D_i = 1/0.060\ 721 = 16.468\ 8$$

即该部位的疲劳寿命为 16.468 8 块谱。

上面给出的 $S\text{-}N$ 数据只是在一个平均应力水平下得出的，故采用了 Goodman 方法进行修正来求得各级载荷下的疲劳寿命。关于平均应力对疲劳寿命的影响还有另外一种处理方法。如果已知给出了多个平均应力水平下测得的 $S\text{-}N$ 数据，则可以采用插值方法得出各级载荷平均应力下的 $S\text{-}N$ 数据，然后可求得各级载荷对应寿命。

表 4.4 给出了 LY12—CZ 铝合金 $K_t=2$ 时在不同平均应力下的 $S-N$ 数据,即可采用多项式插值获得其在各个平均应力水平下的 $S-N$ 数据,然后进行疲劳寿命分析。

表 4.4　LY12—CZ 铝合金 $K_t=2$ 时在不同平均应力下的 $S-N$ 数据　单位:MPa

σ_m	N									
	10^2	10^3	10^4	2×10^4	4×10^4	10^5	4×10^5	10^6	3×10^6	10^7
0.0	352.4	263.4	173.1	156.3	141.9	126	94.6	86.6	73.5	67.9
35.0	332.8	248.7	161.5	146.2	132.7	116.9	84	75.1	63.8	59
70.0	313.1	234	149.9	136.1	123.5	107.7	73.3	63.6	54.1	50.1
105.0	296.9	220.8	144.5	131.7	119.8	105.1	71.4	60.6	50.9	47.4
140.0	268.7	207.6	139.1	127.2	116.1	102.5	69.4	57.7	47.7	44.7
175.0	243.7	190.6	135	124.3	114.2	100.6	68.5	56.6	45.8	42.6
210.0	218.7	173.5	130.9	121.4	112.3	98.7	67.5	55.5	44	40.5
250.0	183.7	145.8	110	102	94.3	82.9	56.7	46.6	36.9	34
300.0	140	111.1	83.8	77.7	71.9	63.1	43.2	35.5	28.1	25.9

首先通过插值求出载荷谱中各个平均应力下的 $S-N$ 数据,插值结果见表 4.5,对应的曲线图如图 4.1 所示。

表 4.5　通过插值获得 LY12—CZ 铝合金 $K_t=2$ 时在各个平均应力下的 $S-N$ 数据

单位:MPa

σ_m	N									
	10^2	10^3	10^4	2×10^4	4×10^4	10^5	4×10^5	10^6	3×10^6	10^7
35.5	332.3	248.5	161.3	146.0	132.5	116.7	83.7	74.8	63.6	58.8
80	309.8	229.9	148.1	134.7	122.3	106.7	72.5	62.5	53.0	49.1
78	310.5	230.7	148.4	134.9	122.5	106.8	72.6	62.7	53.2	49.3
98.5	301.1	223.0	145.4	132.5	120.4	105.5	71.7	61.1	51.4	47.8
184.5	237.6	185.8	134.2	123.9	114.0	100.4	68.5	56.6	45.5	42.2
96.5	302.3	223.7	145.7	132.7	120.6	105.6	71.7	61.2	51.6	48.0
108.5	294.4	219.6	144.0	131.3	119.4	104.9	71.2	60.3	50.6	47.2
13	356.3	256.0	171.6	155.4	141.3	125.5	95.3	87.1	73.6	67.8

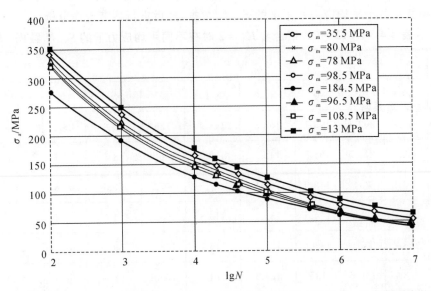

图 4.1　通过插值获得 LY12－CZ 铝合金 $K_t = 2$ 时在各个平均应力下的 S-N 数据对应的曲线图

根据 S-N 曲线,即可求得各级载荷下的疲劳寿命 N_i,然后计算该级载荷造成的疲劳损伤 $D_i = \dfrac{n_i}{N_i}$,最后按 Miner 疲劳损伤累积理论计算疲劳寿命,其计算结果见表 4.6。

表 4.6　疲劳寿命估算表

级　数	σ_a/MPa	σ_m/MPa	循环次数 n_i	寿命 N_i	损伤 D_i
1	57.5	35.5	8 450	6 598 438	0.001 281
2	61.0	80.0	672	1 709 755	0.000 393
3	142.0	78.0	58	13 203.04	0.004 393
4	219.5	98.5	2	929.188	0.002 152
5	157.5	184.5	7	3 046.947	0.002 297
6	96.5	96.5	130	108 794.6	0.001 195
7	67.5	108.5	982	795 872	0.001 234
8	72.0	13.0	5 180	3 822 534	0.001 355

一块谱造成的疲劳损伤为 $\sum D_i$,疲劳寿命 C_p 为

$$C_p = \frac{1}{\sum_{i=1}^{8} D_i} = \frac{1}{0.014\ 3} = 69.928\ 74$$

以上两组数据的计算结果,区别主要是前一种方法用 Goodman 公式,后一种是在大量 $S-N$ 曲线下采用插值获得的疲劳寿命。Goodman 是一个经验公式,只采用一组 $S-N$ 曲线,从上述的结果可以看出,用 Goodman 公式与基于一系列的 $S-N$ 的分析结果差别很大。因此,在实际问题中,只有当 $S-N$ 曲线信息有限时,才采用 Goodman 公式,否则还是采用试验获得的曲线数据为佳。

二、应力严重系数法

应力严重系数法实际是名义应力法在处理铆钉、螺栓连接的一种特殊处理技术,该方法不用结构细节处的 $S-N$ 曲线,而是在对结构细节处的应力集中情况进行精确的应力分布计算,在此基础上综合考虑表面质量等因素,得到综合反映应力集中等影响疲劳特性的各个因素的应力严重系数(S.S.F.),用它作为"等效应力理论集中系数"。然后根据对应不同理论应力集中系数 K_t 的 $S-N$ 曲线族,确定对应于结构 S.S.F. 的 $S-N$ 曲线族并以此为基础计算结构的疲劳寿命。现在举例介绍应力严重系数法的计算步骤。

例:有一连接件的一部分(见图 4.2)承受钉传载荷 P_{dc} 和旁路载荷 P_{pl},其中 P_{pl} 占总载荷 P 的 72.85%,钉传载荷 P_{dc} 占总载荷 P 的 27.15%。结构参数为 $w=91.44$ mm,$t=7.62$ mm,$d=17.52$ mm。载荷为 $P_{max}=128.36$ kN,$P_{min}=25.16$ kN。

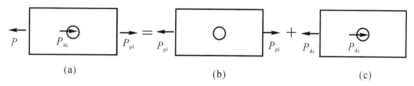

图 4.2　连接板受力图
(a)紧固件细节;　(b)空孔;　(c)钉载孔

(一)计算最大应力及应力集中系数

最大应力集中处的应力由两部分组成,即旁路载荷 P_{pl} 引起的应力 σ_1 和钉传载荷 P_{dc} 引起的应力 σ_2,最大应力在孔边。

$$\sigma_1 = \frac{K_{tg} P_{pl}}{w t} \tag{4.13}$$

$$\sigma_2 = \frac{K_{tb} \theta P_{dc}}{d t} \tag{4.14}$$

式中:K_{tg} —— 带孔板应力集中系数;

K_{tb} —— 挤压应力集中系数;

θ —— 挤压应力分布系数。

这些系数可由相关手册查得,在本例中,$K_{tg}=3$,$K_{tb}=1.25$,$\theta=1.4$(单剪)。

将各参数代入式(4.13)和式(4.14)中,可以得到

$$\sigma_{max} = \sigma_1 + \sigma_2 = 0.728\,5P \frac{K_{tg}}{w t} + 0.271\,5P \frac{K_{tb}\theta}{dt}$$

结构的名义应力为

$$\sigma_{eq} = P/(w t)$$

应力集中系数为

$$K_{ta} = \frac{\sigma_{max}}{\sigma_{eq}} = \frac{P\left[0.728\,5K_{tg}/(wt) + 0.271\,5K_{tb}\theta/(dt)\right]}{P/(wt)} =$$

$$0.728\,5 \times 3 + 0.271\,5 \times 1.25 \times 1.4 \times 91.44/17.52 = 4.66$$

(二) 计算应力严重集中系数(S.S.F.)

应力严重集中系数为

$$\text{S.S.F.} = \alpha\beta K_{ta} = 1 \times 0.75 \times 4.66 = 3.5$$

式中：α——孔表面质量系数，见表4.7，本例为标准钻孔，取 $\alpha = 1$；

β——孔填充系数，见表4.8，本例锥形锁紧固件，取 $\beta = 0.75$。

表4.7　孔表面质量系数

项目	α
圆角	1.0～1.5
标准钻孔	1.0
扩孔或铰孔	0.9
冷作孔	0.7～0.8

表4.8　孔填充系数

项目	β
开孔	1.0～1.5
锁紧钢螺栓	1.0
铆钉	0.9
锥形紧固件	0.7～0.8
高-胡克紧固件	0.7～0.8

(三) 计算疲劳寿命

结构的名义疲劳应力为

$$S_m = \frac{P_{max} + P_{min}}{2wt} = 110.12 \text{ MPa}$$

$$S_a = \frac{P_{max} - P_{min}}{2wt} = 74.11 \text{ MPa}$$

材料对应的理论应力集中系数 $K_t = \text{S.S.F.} = 3.5$,疲劳应力均值为 $S_m = 110.12$ MPa 的 $S-N$
数据如图 4.3 所示。

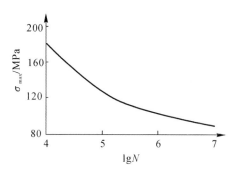

图 4.3　$K_t = 3.5, S_m = 110.12$ MPa 时的 $S-N$ 曲线

从图中可以查到,对应于疲劳应力幅值为 $S_a = 74.11$ MPa 的疲劳寿命为 $N = 2.8 \times 10^4$。

应力严重集中系数法可以不用结构的 $S-N$ 曲线,费用较低。但是要求疲劳严重系数的
计算要比较精确。否则,即使是疲劳严重系数较小的误差,都将导致疲劳寿命计算结果的巨大
误差。目前,此方法主要用于连接件。

4.4　应变寿命估算

用应变疲劳的方法计算结构寿命的方法称为局部应力-应变。它的基本理论仍然是
Miner 线性累积损伤理论,只是损伤度不再是用名义应力和 $S-N$ 曲线,而是从疲劳危险部位
的局部真实应变和 $\varepsilon-N$ 曲线计算结构的损伤。

现在介绍工程中常用的基于 Neuber 近似解法的局部应力-应变法的基本步骤。

1.求出疲劳缺口系数

工程上常用理论应力集中系数 K_t 导出 K_f,经验公式可参阅第 3 章的式(3.7)和式(3.8)。

2.获得局部应力-应变历程

局部弹塑性分析通常采用改进的 Neuber 法或弹塑性有限元法,即

$$\Delta\sigma\Delta\varepsilon = \frac{K_f^2 \Delta S^2}{E} \tag{4.15}$$

式中:ΔS —— 名义应力变程;

　　$\Delta\sigma$ —— 缺口根部的局部应力变程;

　　$\Delta\varepsilon$ —— 缺口根部的局部应变变程。

该公式表示一条双曲线,它和稳态 $\Delta\sigma-\Delta\varepsilon$ 曲线的交点唯一地确定了名义应力 ΔS 下缺口
根部的 $\Delta\sigma$ 和 $\Delta\varepsilon$ 值。

将循环应力-应变曲线公式 $\Delta\varepsilon = \dfrac{\Delta\sigma}{E} + 2\left(\dfrac{\Delta\sigma}{2K'}\right)^{\frac{1}{n_f}}$ 与 $\Delta\sigma\Delta\varepsilon = \dfrac{K_f^2\Delta S^2}{E}$ 联立可得

$$\Delta\sigma^2 + \frac{2E}{(2K')^{1/n_f}}\Delta\sigma^{(1+n_f)/n_f} - (K_f\Delta S)^2 = 0 \tag{4.16}$$

式中：E——弹性模量；

K'，n_f——参见 2.5 节的表 2.3。

ΔS 已知，K_f 已经求出，利用上式即可迭代求出 $\Delta\sigma$，然后再利用 $\Delta\sigma\Delta\varepsilon = \dfrac{K_f^2\Delta S^2}{E}$ 求出 $\Delta\varepsilon$。

然后根据 $\sigma_i = \sigma_{i-1} + \mathrm{sign}(\Delta S)\Delta\sigma_i$，$\varepsilon_i = \varepsilon_{i-1} + \mathrm{sign}(\Delta S)\Delta\varepsilon_i$，反复地求解就可以得到相应于名义应力谱峰谷值的局部应力峰谷值和局部应变峰谷值。

3.疲劳寿命估算

采用 Morrow 弹性应力线性修正的 Manson – Coffin 公式为

$$\varepsilon_a = \frac{\sigma'_f - \sigma_m}{E}(2N)^b + \varepsilon'_f(2N)^c \tag{4.17}$$

通常 b 的绝对值远小于 c 的绝对值，所以可用迭代法求出疲劳寿命 N

$$2N = \left[\frac{\dfrac{\sigma'_f - \sigma_m}{E}(2N)^{b-c} + \varepsilon'_f}{\varepsilon_a}\right]^{-\frac{1}{c}} \tag{4.18}$$

这样就可以求得块谱中各级载荷所对应的寿命 N_i，则该级载荷引起的损伤为 $d_i = n_i/N_i$。

假设一个块谱有 k 级载荷，则一个块谱的损伤之和为

$$D_0 = \sum_{i=1}^{k} d_i$$

根据 Miner 线性疲劳损伤累积理论可以求得结构疲劳寿命

$$C_p = \frac{1}{D_0} = \frac{1}{\displaystyle\sum_{i=1}^{k} d_i}$$

若载荷谱一个谱块（基本周期）代表 N_0 个飞行小时，则结构的中值疲劳寿命（飞行小时数）为

$$N = N_0 C_p$$

第 5 章 疲 劳 试 验

由于影响疲劳特性的因素很多,所以同样的材料,如果试验件的形状和尺寸、加工方法、加载形式不同,则得到的疲劳性能差别也很大。

为了使不同材料、不同批次和不同实验室进行的材料疲劳性能试验的结果具有重复性和可比性,必须采取标准试验件和标准的试验方法。

另外,仅有材料的疲劳寿命性能对于飞机结构的疲劳寿命估算和疲劳定寿是远远不够的。结构的尺寸、形状、加工工艺质量、热处理的方式、受载形式等远比标准试验件在等幅疲劳载荷下的材料疲劳性能试验要复杂得多。因此结构的疲劳性能与材料的疲劳特性是不能等同的。要比较准确地估算结构的疲劳寿命,必须进行结构的疲劳寿命试验。但是真实结构的疲劳寿命试验是十分费时且昂贵的。工程上一般是用结构疲劳危险部位的结构细节模拟件的疲劳试验来确定结构的疲劳寿命及其分布的。

因此,疲劳试验一般包含标准试验件材料疲劳试验和结构模拟件疲劳试验。本章以某机身蒙皮单细节填充孔裂纹萌生疲劳试验为例,简单介绍疲劳试验方法。

5.1 试 验 目 的

测定单填充锪窝孔细节疲劳裂纹萌生寿命的概率 $S - N$ 曲线,为多细节结构 MSD 发生可能性试验与分析研究提供基本数据。

5.2 试 验 件

试验件材料为机身蒙皮常用的 2524 - T3 铝合金,试验件为含铆钉填充的锪窝孔矩形板。试验件形状和几何尺寸如图 5.1 所示(图中单位为 mm)。

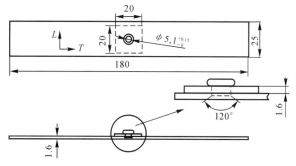

图 5.1 机身蒙皮单锪窝填充孔细节疲劳试验件

5.3 试验设备

试验加载系统采用 Instron 8872 液压伺服材料试验系统(±25 kN),裂纹监控利用 20× 读数视频显微镜,试验设备如图 5.2 所示。

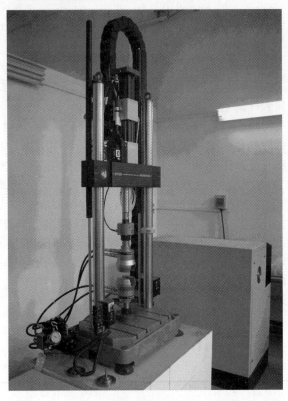

图 5.2 Instron 8872 液压伺服材料试验系统(±25 kN)

5.4 试验方法和过程

将试验件两端夹持在试验机上、下夹头中并保持对中。对试验件施加等幅循环载荷,应力比 $R=0.06$,最大应力 S_{max} 按照测定 S-N 曲线要求的载荷级数和寿命范围试探性确定。加载频率一般为 $10 \sim 38$ Hz,载荷较大、寿命较短时适用较低频率,载荷较小、寿命较长时适用较高频率。

疲劳加载中,利用读数视频显微镜等密切监测填充孔边裂纹萌生。试验件铆钉头一面孔有锪窝,孔边被钉头遮挡,而试验件另一面被铆钉镦头和垫块遮挡,只能从铆钉头一面进行裂纹监测。必要时采用临时降低频率或停机保载方式可以更清楚地进行检测。及时发现裂纹萌生,记录裂纹萌生部位、萌生寿命以及裂纹长度。

试验件夹持如图 5.3 所示。

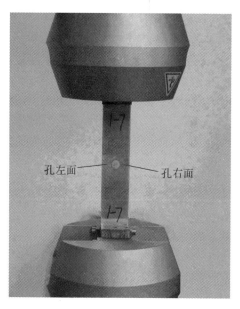

图 5.3　试验件夹持图

5.5　　试　　　　验

一、最少试件数检验

试验中,由于疲劳数据的分散性,需要进行一定数量的试验,只有在足够多的试验数据的基础上,分析获得的试验数据才是可信的。

绘制 S-N 曲线和 p-S-N 曲线时,对于长寿命区的疲劳性能测试,采用升降法,升降法要求的试验件数量较多,一般为 $12 \sim 20$ 个。对于短寿命区,可根据 t 分布理论,按一定置信度和误差要求,根据测试数据给出最少试验件个数,达到节省试验件的目的。

对于一组 n 个观测值 $x_1,x_2,\cdots,x_n$,则子样的均值为

$$\bar{x} = \frac{1}{n} \sum_{i=1}^{n} x_i$$

标准差为

$$s = \sqrt{\frac{\sum_{i=1}^{n} x_i^2 - \frac{1}{n} \left(\sum_{i=1}^{n} x_i \right)^2}{n-1}}$$

根据 t 分布原理,则在给定置信度 γ 和误差限 δ 的前提下,最少观测值或者有效试验件个数为

$$n = \left(\frac{s t_{\gamma}}{\bar{x} \delta} \right)^2 \tag{5.1}$$

式中 $\dfrac{s}{\bar{x}}$ —— 变异系数,它与观测值个数 n 的对应关系为

$$\frac{s}{x} = \frac{\delta\sqrt{n}}{t_\gamma} \tag{5.2}$$

表 5.1 给出置信度为 95%，误差限为 5%，各变异系数值对应的最少观测值个数。可以根据变异系数值在表中查出所需的最少有效试验件个数。

表 5.1　最少观测数据个数（置信度 $\gamma=95\%$，误差限 $\delta=5\%$）

变异系数 $\dfrac{s}{x}$ 的范围	最少观测值个数 n
小于　0.020 1	3
0.020 1 ～ 0.031 4	4
0.031 4 ～ 0.040 3	5
0.040 3 ～ 0.047 6	6
0.047 6 ～ 0.054 1	7
0.054 1 ～ 0.059 8	8
0.059 8 ～ 0.065 0	9
0.065 0 ～ 0.069 9	10

有效试验件对数疲劳寿命均值和标准差为

$$\overline{X} = \lg N_{50} = \frac{1}{n}\sum_{i=1}^{n}\lg N_i \tag{5.3}$$

$$S = \sqrt{\frac{\sum\limits_{i=1}^{n}(\lg N_i)^2 - \dfrac{1}{n}\left(\sum\limits_{i=1}^{n}\lg N_i\right)^2}{n-1}} \tag{5.4}$$

各组对数疲劳寿命变异系数为

$$V_{\mathrm{f}} = \frac{S}{\overline{X}} = \frac{\delta\sqrt{n}}{t_\gamma} \tag{5.5}$$

式中：　$\overline{X}$ —— 对数平均寿命；

N_i —— 一组试验中有效的第 i 个试样的疲劳寿命；

n —— 一组试样的有效件数；

N_{50} —— 50% 可靠度的疲劳寿命，即中值疲劳寿命；

S —— 一组试验有效数据的标准差。

根据有效试验件数 n 可查出自由度为 $(n-1)$ 的相应置信度 $\gamma=95\%$ 的 t_γ 的值，再算出变异系数 V_{f}，便可根据式（5.5）或查表 5.1 得到要求的最少试验件数。

二、安全寿命

p - S - N 曲线即不同存活率下的应力-寿命曲线。要绘制 p - S - N 曲线必须得到给定存活率 p 下的安全寿命 N_p。

当已知对数疲劳寿命 $X = \lg N$ 的正态分布概率密度曲线时,对于任意给定的 X_p,即可知道 X_p 以右曲线与横坐标轴所围的面积(见图 5.4 中的阴影部分)。若以 ξ 表示随机变量的对数疲劳寿命,则该阴影面积为随机变量 $\xi > X_p$ 的概率 $P(\xi > X_p)$。反之,当指定某一概率 p(即存活率)时,也可确定对应的 X_p 值。在工程应用中,把对应较高存活率的对数疲劳寿命 X_p 叫作对数安全疲劳寿命。

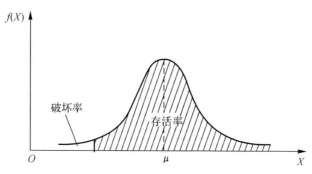

图 5.4 疲劳寿命对数正态分布

$$P(X > X_p) = \frac{1}{\sigma\sqrt{2\pi}} \int_{X_P}^{\infty} e^{-\frac{(X-\mu)^2}{2\sigma^2}} \, dX \tag{5.6}$$

令

$$u = \frac{X - \mu}{\sigma}$$

则有

$$P(X > X_p) = \frac{1}{\sigma\sqrt{2\pi}} \int_{X_P}^{\infty} e^{-\frac{(X-\mu)^2}{2\sigma^2}} \, dX = \frac{1}{\sqrt{2\pi}} \int_{u_p}^{\infty} e^{-\frac{u^2}{2}} \, du \tag{5.7}$$

那么,积分下限为

$$u_p = \frac{X_p - \mu}{\sigma} \tag{5.8}$$

式中:u_p——与存活率 p 相关的正态偏差,可由表 5.2 查得。

因此存活率 p 下的安全对数寿命为

$$X_p = \mu + u_p \sigma \tag{5.9}$$

式中:μ —— 对数疲劳寿命母体平均值;

σ —— 对数疲劳寿命母体标准差。

存活率 p 下的对数疲劳寿命估计量 $\hat{X}_p$ 为

$$\hat{X}_p = \hat{\mu} + \hat{\mu}_p \sigma \tag{5.10}$$

式中:$\hat{\mu}$ —— 对数疲劳寿命母体平均值估计量;

$\hat{\sigma}$ —— 对数疲劳寿命母体标准差估计量。

对于正态母体,母体标准差的无偏估计值 $\hat{\sigma}$ 可由下式表示

$$\hat{\sigma} = \beta S \tag{5.11}$$

式中:β —— 标准差修正系数,可由表 5.3 查得。

则存活率 p 下的安全对数寿命为

$$X_p = \mu + \mu_p \beta S \tag{5.12}$$

以应力 S 为纵坐标,p 对应的疲劳寿命 X_p 为横坐标,则可利用坐标点拟合成 p-S-N 曲线。

表 5.2　不同可靠度下的标准正态偏量

p	50%	84.1%	90%	95%	99%	99.9%	99.99%
u_p	0	-1	-1.282	-1.645	-2.326	-3.090	-3.719

三、疲劳极限强度 S_p

确定试验件裂纹萌生疲劳极限强度时,采用升降法,即在疲劳极限强度附近对试验件加载循环载荷 S,如果试验件还没有达到疲劳极限就损坏,那么降低下一件试验件的加载载荷,即 $S - \Delta S$;如果试验件达到疲劳极限没有损坏,则升高下一件试验件的加载载荷,即 $S + \Delta S$。其中 ΔS 在疲劳极限的 5% 以内。如此直到满足试验要求(一般要求最少做 6 组试验)为止。

升降法试验确定裂纹萌生疲劳极限强度中值

$$S_{50} = \frac{1}{n^*} \sum n_i^* S_i^* \tag{5.13}$$

其中

$$S_i^* = \frac{1}{2}(S_i + S_{i+1})$$

式中:n^* —— 对子总数;

$\quad\;\; n_i^*$ —— 相邻应力水平的对子数;

$\quad\;\; S_i^*$ —— 对子应力。

疲劳强度子样标准差为

$$S = \sqrt{\frac{\sum\left[(S_i^* - S_{50})^2 n_i^*\right]}{n^* - 1}} \tag{5.14}$$

安全疲劳强度

$$S_p = S_{50} + u_p \beta S \tag{5.15}$$

式中:β —— 标准差修正系数,可由表 5.3 查得。

表 5.3　不同对子数对应的标准差修正系数

n	5	6	7	8	9	10	11	12
β	1.063	1.051	1.042	1.036	1.031	1.028	1.025	1.023

四、拟合 S-N 曲线

p-S-N 曲线即存活率-应力-寿命曲线。p-S-N 曲线严格地来说是一个曲面,但是在工程应用中常常只关心某几个存活率 p 值(比如 50%,90%,95%,99%,99.9% 等)下的 S-N 曲线。因此,p-S-N 曲线可以看作不同存活率 p 下的 S-N 曲线集。这一曲线集给出了:

(1) 在给定应力水平下失效循环次数 N 的分布数据;

(2) 在给定的有限寿命疲劳强度 S 下失效循环次数 N 的分布数据;

(3) 无限寿命或 $N > N_L$ 的疲劳强度-疲劳极限的分布数据。

对于具有中、长寿命曲线段的 S-N 曲线,一般采用三参数幂函数表达式

$$(\sigma_{\max} - S_0)^m N = C \tag{5.16}$$

式中:C,m 和 S_0——材料常数。

对式(5.16)变换可得

$$\lg N = C - m \lg(\sigma_{\max} - S_0) \tag{5.17}$$

令 $x = \lg N$,$y = \lg(\sigma_{\max} - S_0)$,$a = C$,$b = -m$,则式(5.17)可写成

$$x = a + by \tag{5.18}$$

由式(5.18)可知,x 与 y 成线性关系。根据这一条件,可采用求线性相关系数极值的方法求出待定常数 S_0,m 和 C。其中待定系数 a,b 和相关系数 r 为

$$\left. \begin{array}{l} a = \bar{x} - b\bar{y} \\[2mm] b = \dfrac{L_{XY}}{L_{YY}} \\[2mm] r = \dfrac{L_{XY}}{\sqrt{L_{YY} L_{XX}}} \end{array} \right\} \tag{5.19}$$

式中:

$$\left. \begin{array}{l} \bar{x} = \dfrac{1}{n} \sum_{i=1}^{n} x_i \\[3mm] \bar{y} = \dfrac{1}{n} \sum_{i=1}^{n} y_i \\[3mm] L_{XX} = \sum_{i=1}^{n} x_i^2 - \dfrac{1}{n} \left(\sum_{i=1}^{n} x_i \right)^2 \end{array} \right\}$$

$$\left. \begin{array}{l} L_{YY} = \sum_{i=1}^{n} y_i^2 - \dfrac{1}{n} \left(\sum_{i=1}^{n} y_i \right)^2 \\[3mm] L_{XY} = \sum_{i=1}^{n} y_i x_i - \dfrac{1}{n} \left(\sum_{i=1}^{n} y_i \right) \left(\sum_{i=1}^{n} x_i \right) \end{array} \right\}$$

以上诸式中,$\bar{y}$,L_{YY} 和 L_{XY} 均与 S_0 有关,是 S_0 的函数,故 a,b 和 r 也为 S_0 的函数,即 $a(S_0)$,$b(S_0)$ 和 $r(S_0)$。由于所求 S_0 必须使相关系数绝对值 $|r(S_0)|$ 取最大值,故可有以下条件

$$\frac{\mathrm{d}|r(S_0)|}{\mathrm{d}S_0} = 0 \tag{5.20}$$

或

$$\frac{\mathrm{d}|r^2(S_0)|}{\mathrm{d}S_0} = 0 \tag{5.21}$$

因为

$$\frac{\mathrm{d}\left|r^2(S_0)\right|}{\mathrm{d}S_0} = 2r(S_0)\left(\frac{1}{L_{XY}}\frac{\mathrm{d}L_{XY}}{\mathrm{d}S_0} - \frac{1}{2L_{YY}}\frac{\mathrm{d}L_{YY}}{\mathrm{d}S_0}\right) \tag{5.22}$$

所以有

$$\frac{1}{L_{XY}}\frac{\mathrm{d}L_{XY}}{\mathrm{d}S_0} - \frac{1}{2L_{YY}}\frac{\mathrm{d}L_{YY}}{\mathrm{d}S_0} = 0 \tag{5.23}$$

令

$$\left.\begin{aligned} L_{X0} &= \frac{\mathrm{d}L_{XY}}{\mathrm{d}S_0} \\ L_{Y0} &= \frac{\mathrm{d}L_{YY}}{\mathrm{d}S_0} \end{aligned}\right\} \tag{5.24}$$

则有

$$\frac{L_{X0}}{L_{XY}} - \frac{L_{Y0}}{L_{YY}} = 0 \tag{5.25}$$

设

$$H(S_0) = \frac{L_{X0}}{L_{XY}} - \frac{L_{Y0}}{L_{YY}} \tag{5.26}$$

由于式(5.26)较复杂,故要用迭代法求解。可以用二分法求得 S_0。求得 a,b 和 S_0 后,通过式(5.27)可求出 C 和 m

$$\left.\begin{aligned} C &= \bar{x} - b\bar{y} \\ m &= -\frac{L_{XY}}{L_{YY}} \end{aligned}\right\} \tag{5.27}$$

将 m,C 及 S_0 代入式(5.17),即为所求 $S-N$ 曲线的经验公式。

5.6 试验结果与数据处理

为了清楚地表示出试验结果,图 5.5 为裂纹萌生部位的代号和测量位置裂纹长度符号。表 5.4 按图 5.5 的这些符号规定给出各试验件的试验测量结果。

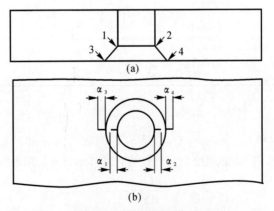

图 5.5 裂纹萌生位置和测量位置示意图

(a) 含孔截面俯视图-裂纹萌生位置标识;

(b) 试验件正视图-裂纹长度标识

对疲劳裂纹萌生寿命数据进行统计分析,得到不同载荷水平下各组试验件裂纹萌生中值寿命和安全寿命,在表 5.4 中列出。

表 5.4　试验结果统计

试件组	件数	应力水平 $\dfrac{S_{\max}}{\mathrm{MPa}}$	寿命对数均值 $\overline{X}$	标准差 S	变异系数 V_f	中值寿命 N_{50}/次	最少件数/个	安全寿命 N_S*/次
1	6	275	3.545 6	0.142 0	0.040 0	3 512	5	2 949
2	4	250	4.297 5	0.143 4	0.033 3	19 840	4	5 546
3	6	200	4.921 5	0.213 9	0.043 4	83 474	6	24 333
4	5	150	5.410 3	0.161 8	0.029 9	257 240	3	163 742
5	7	125	5.932 3	0.317 8	0.053 5	855 667	7	548 134

注:安全寿命对应于 $p = 95\%$,$\gamma = 95\%$。

第 6 组试验系采用升降法测试试验件在长寿命下的疲劳性能。共进行 13 组试验,疲劳极限循环数定为 3×10^6。图 5.6 为升降法试验确定裂纹萌生疲劳极限强度。

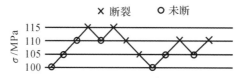

图 5.6　升降法试验确定裂纹萌生疲劳极限强度

根据图 5.6,确定出裂纹萌生疲劳极限强度中值为 $S_{50} = 108.333\ 3$ MPa,疲劳极限强度试验子样标准差为 $S = 3.763\ 9$。

图 5.7 ~ 图 5.9 分别绘出了裂纹萌生中值寿命(50% 存活率)、安全寿命(95% 存活率) 和对应不同存活率的 p - S - N 曲线,其拟合曲线方程的参数见表 5.5。

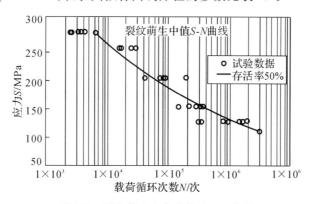

图 5.7　裂纹萌生寿命中值 S - N 曲线

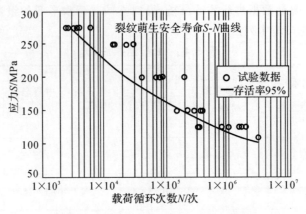

图 5.8　裂纹萌生安全寿命 S - N 曲线

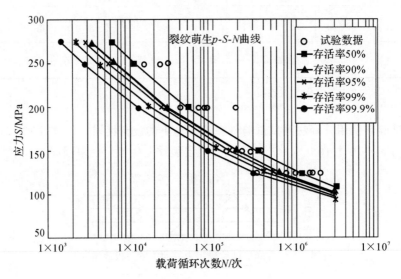

图 5.9　裂纹萌生 p - S - N 曲线

表 5.5　p - S - N 曲线方程参数

存活率 p	S - N 曲线方程 $S^m N = C$ 的参数	
	m	C
50%	6.648 9	$10^{19.998\,7}$
90%	6.613 7	$10^{19.675\,3}$
95%	6.626 9	$10^{19.634\,9}$
99%	6.680 0	$10^{19.623\,9}$
99.9%	6.775 1	$10^{19.691\,1}$

表 5.6 给出了不同存活率下不同应力水平对应的疲劳裂纹萌生寿命。

表 5.6　不同存活率下不同应力水平对应的疲劳裂纹萌生寿命

$p=50\%$		$p=90\%$		$p=95\%$		$p=99\%$		$p=99.9\%$	
S	N	S	N	S	N	S	N	S	N
275	6 023	275	3 486	275	2 949	275	2 133	275	1 460
250	11 351	250	6 547	250	5 546	250	4 033	250	2 784
200	50 047	200	28 640	200	24 333	200	17 906	200	12 629
150	338 912	150	191 992	150	163 742	150	122 351	150	88 687
125	1 139 082	125	641 159	125	548 134	125	413 562	125	305 017
108.33	3×10^6	103.26	3×10^6	101.83	3×10^6	99.13	3×10^6	96.11	3×10^6

注:p— 存活率;S— 加载应力,MPa;N— 疲劳寿命,次。

第6章 线弹性断裂力学理论

传统的强度设计思想把材料视为无缺陷的均匀连续体,而实际构件总是存在着诸如夹杂、气孔、裂纹等不同形式的初始缺陷,因而材料的实际强度大大低于理论模型的强度。大量的灾难性事故,正是由于上述初始缺陷在一定外部条件作用下迅速扩展而造成的。20世纪20—50年代末期,逐渐形成了断裂力学这门弥补传统强度设计思想严重不足的新兴的强度学科。与传统的强度理论不同,断裂力学从构件内部具有初始缺陷这一实际情况出发,研究构件在外载荷作用下裂纹的扩展规律,从而提出带裂纹构件的安全设计准则。因此,断裂力学在理论和应用两个方面的发展都异常迅速,引起了理论工作者和工程技术人员的极大兴趣和关注。本章主要介绍线弹性断裂力学理论。

6.1 裂纹的分类

实际构件中存在的缺陷除裂纹外,还可能是冶炼过程中产生的夹杂、气孔,加工中的刀痕、刻槽,焊接中的气泡、夹杂物等。在断裂力学中,通常把这些缺陷都简化为裂纹。

一、按几何特征分类

裂纹按几何特征可以分为穿透裂纹、表面裂纹和深埋裂纹,如图6.1(a)(b)(c)所示。

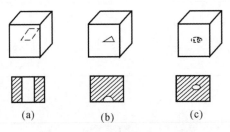

图 6.1 裂纹的几何特征分类图

(a)穿透裂纹; (b)表面裂纹; (c)深埋裂纹

1. 穿透裂纹

贯穿构件厚度的裂纹称为穿透裂纹。通常把延伸到构件一半厚度以上的裂纹都视为穿透裂纹,并常做理想尖裂纹处理,即裂纹尖端的曲率半径趋近于零。这种简化是偏安全的。穿透裂纹前缘可以是直线、曲线或其他形状,如图6.1(a)所示。

2. 表面裂纹

裂纹位于构件表面,或裂纹深度相对构件厚度比较小就视为表面裂纹,表面裂纹常简化为半椭圆裂纹,如图 6.1(b)所示。

3. 深埋裂纹

深埋裂纹位于构件内部,常简化为椭圆片状裂纹或圆片状裂纹,如图 6.1(c)所示。

二、按力学特征分类

裂纹按力学特征可以分为张开型裂纹、滑开型裂纹和撕开型裂纹,如图 6.2 所示。

1. 张开型裂纹(简称为Ⅰ型裂纹)

构件承受垂直于裂纹面的拉力作用,裂纹表面的相对位移沿着自身平面的法线方向,如图 6.2(a)所示。若受拉板上有一条垂直于拉力方向而贯穿于板厚的裂纹,则该裂纹就是Ⅰ型裂纹,受力示意如图 6.3(a)所示。

2. 滑开型裂纹(简称为Ⅱ型裂纹)

构件承受平行裂纹面而垂直于裂纹前缘的剪力作用,裂纹表面的相对位移在裂纹面内,并且垂直于裂纹前缘,如图 6.2(b)所示。轮齿或花键根部沿切线方向的裂纹就是Ⅱ型裂纹,受力示意如图 6.3(b)所示。

3. 撕开型裂纹(简称为Ⅲ型裂纹)

构件承受平行于裂纹前缘的剪力作用,裂纹表面的相对位移在裂纹面内,并平行于裂纹前缘的切线方向,如图 6.2(c)所示。在扭矩作用下圆周的环形切槽或表面环形裂纹就属于Ⅲ型裂纹,如图 6.3(c)所示。

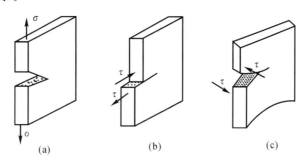

图 6.2　开裂模式示意图

(a)Ⅰ型裂纹；　(b)Ⅱ型裂纹；　(c)Ⅲ型裂纹

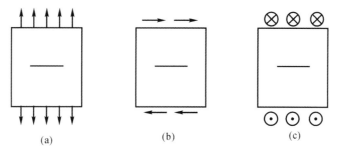

图 6.3　各种开裂模式对应的受力示意图

(a)Ⅰ型裂纹；　(b)Ⅱ型裂纹；　(c)Ⅲ型裂纹

在一般受力情况下,裂纹通常属于复合型裂纹,可能是两种或两种以上基本型裂纹的组合。Ⅰ型裂纹是多年来试验和理论研究的主体。

6.2　裂纹尖端附近的应力场和位移场

Irwin 把处于平面状态的含裂弹性体视为多弹性体,即把裂纹视为边界,选择弹性力学平面问题的复变函数解法,即把裂纹尖端附近的应力-应变场的求解问题归结为对复变应力函数的确定问题。

一、无限大中心裂纹板双向受拉

图 6.4 所示为一块带有中心穿透裂纹的无限大板,远处受双向均匀拉力作用。这是一个Ⅰ型裂纹,属于平面问题。Irwin 利用边界条件试凑了无限大中心裂纹板双向受拉时的复变函数,并利用该函数求解出了中心穿透裂纹的无限大板的应力-应变场,其裂尖应力表达式见式(6.1),裂尖附近的应变表达式见式(6.2),裂尖附近的位移表达式见式(6.3)。

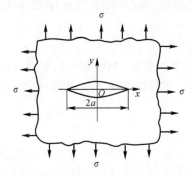

图 6.4　双向均匀拉伸作用下的Ⅰ型裂纹板

$$
\left.\begin{aligned}
\sigma_x &= \frac{\sigma\sqrt{\pi a}}{\sqrt{2\pi r}}\cos\frac{\theta}{2}\left(1 - \sin\frac{\theta}{2}\sin\frac{3\theta}{2}\right) \\
\sigma_y &= \frac{\sigma\sqrt{\pi a}}{\sqrt{2\pi r}}\cos\frac{\theta}{2}\left(1 + \sin\frac{\theta}{2}\sin\frac{3\theta}{2}\right) \\
\tau_{xy} &= \frac{\sigma\sqrt{\pi a}}{\sqrt{2\pi r}}\sin\frac{\theta}{2}\cos\frac{\theta}{2}\cos\frac{3\theta}{2}
\end{aligned}\right\} \tag{6.1}
$$

$$
\left.\begin{aligned}
\varepsilon_x &= \frac{1}{2G(1+\mu')}\frac{\sigma\sqrt{\pi a}}{\sqrt{2\pi r}}\cos\frac{\theta}{2}\left[(1-\mu') - (1+\mu')\sin\frac{\theta}{2}\sin\frac{3\theta}{2}\right] \\
\varepsilon_y &= \frac{1}{2\mu(1+\mu')}\frac{\sigma\sqrt{\pi a}}{\sqrt{2\pi r}}\cos\frac{\theta}{2}\left[(1-\mu') + (1+\mu')\sin\frac{\theta}{2}\sin\frac{3\theta}{2}\right] \\
\gamma_{xz} &= -\frac{1}{G}\frac{\sigma\sqrt{\pi a}}{\sqrt{2\pi r}}\cos\frac{\theta}{2}\sin\frac{\theta}{2}\cos\frac{3\theta}{2}
\end{aligned}\right\} \tag{6.2}
$$

$$
\left.\begin{aligned}
u &= \frac{\sigma\sqrt{\pi a}}{G(1+\mu')}\frac{\sqrt{r}}{\sqrt{2\pi}}\cos\frac{\theta}{2}\left[(1-\mu') - (1+\mu')\sin^2\frac{\theta}{2}\right] \\
v &= \frac{\sigma\sqrt{\pi a}}{G(1+\mu')}\frac{\sqrt{r}}{\sqrt{2\pi}}\sin\frac{\theta}{2}\left[2 - (1+\mu')\cos^2\frac{\theta}{2}\right]
\end{aligned}\right\} \tag{6.3}
$$

式中：G—— 剪切模量；

$$\mu' = \begin{cases} \mu/1-\mu, & \text{平面应变} \\ \mu, & \text{平面应力} \end{cases}, \mu \text{ 为泊松比。}$$

由式(6.1)和式(6.2)可以看出，每个分量表达式中都包含了 $r^{-\frac{1}{2}}$ 项。这使得当 $r \to 0$ 时，各分量均趋于无穷大。这是裂尖附近弹性场的一个重要性质，称为应力-应变对 r 有奇异性，或称这个场为奇异性场。

由式(6.1)和式(6.2)还可以看出，当 θ 一定时，这些分量随着 r 有相同的变化规律。图6.5所示为当 $\theta = 0°$ 时裂尖前缘 σ_y 的分布曲线。

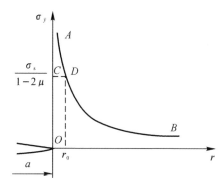

图 6.5　Ⅰ 型裂尖，$\theta = 0°$ 时 σ_y 的分布曲线

二、应力强度因子

由式(6.1)、式(6.2)和式(6.3)可以看出，每一个表达式中都包含了一个常数因子 $\sigma\sqrt{\pi a}$。Irwin 把它定义为裂纹尖端应力强度因子，以 K 表示，并用下标"Ⅰ""Ⅱ""Ⅲ"分别表示 3 种开裂形式。对于双向受拉的无限大板中心裂纹有

$$K_{\mathrm{I}} = \sigma\sqrt{\pi a} \tag{6.4}$$

那么，式(6.1)可以表示为

$$\left. \begin{aligned} \sigma_x &= \frac{K_{\mathrm{I}}}{\sqrt{2\pi r}} \cos\frac{\theta}{2}\left(1 - \sin\frac{\theta}{2}\sin\frac{3\theta}{2}\right) \\ \sigma_y &= \frac{K_{\mathrm{I}}}{\sqrt{2\pi r}} \cos\frac{\theta}{2}\left(1 + \sin\frac{\theta}{2}\sin\frac{3\theta}{2}\right) \\ \tau_{xy} &= \frac{K_{\mathrm{I}}}{\sqrt{2\pi r}} \sin\frac{\theta}{2}\cos\frac{\theta}{2}\cos\frac{3\theta}{2} \end{aligned} \right\} \tag{6.5}$$

同理，式(6.2)和式(6.3)也可以用 K 表示。

为了剖析裂纹尖端应力强度因子 K 的物理意义，可以把式(6.5)改写为通式

$$\sigma_{ij} = \sigma\sqrt{\pi a}\, \frac{1}{\sqrt{2\pi r}} f_{ij}(\theta) \tag{6.6}$$

由式(6.6)可以看出,第一部分 $\sigma\sqrt{\pi a}$ 是一个与外力、裂纹有关的常参量。第二部分 $\frac{1}{\sqrt{2\pi r}}$ 反映了场的奇异性,是应力按极径 r 进行分布的函数因子。第三部分 $f_{ij}(\theta)$ 是表示应力按 θ 进行分布的函数因子。因为第二、三部分反映的是裂纹尖端不同位置对应力的影响,而外力的大小、加载方式、裂纹形状、构件几何形状和尺寸等信息,均在第一部分 K 中体现,所以定性地讲,裂纹尖端应力强度因子 K 表征了受力裂纹的特征。定量地说,K 表征了裂纹尖端附近应力-应变弹性场的强度。同时还可以看到,应力强度因子控制了裂尖附近的整个弹性场。它不但表示了应力-应变的大小,而且表示了整个场的能量,有力和能的共同含义。

应力强度因子 K 的表达式一般由四部分组成,可以表示为

$$K_{\mathrm{I}} = \sigma\sqrt{a}\,YF \tag{6.7}$$

式中:Y—— 形状系数,与裂纹形状、加载方式、构件几何形状和尺寸有关,由式(6.4)可见,它所表示的裂纹形状系数 Y 取为 $\sqrt{\pi}$;

F—— 宽度修正系数,它表示了构件宽度(相对于裂纹长度而言)对 K 的影响,对于无限大板,F 取为 1。

不过,在不少有限边界的 K 解中,系数 Y 与 F 是很难分开的,经常以一个统一的系数出现在 K 解中。

由以上分析可知,应力强度因子 K 的决定因素有外力的大小、加载方式、裂纹的大小、裂纹的形状、构件的几何形状和尺寸。

K 的量纲可以由它的表达式得出

$$[\text{应力}] \cdot [\text{长度}]^{\frac{1}{2}} = [\text{力}][\text{长}]^{-\frac{3}{2}} \tag{6.8}$$

因此,K 的国际单位一般为 MPa $\cdot\sqrt{\text{m}}$,工程常用单位为 MPa $\cdot\sqrt{\text{mm}}$。

三、无限大中心裂纹板单向受拉

如图 6.6 所示,对于单向均匀受拉无限大中心裂纹板的边界条件也有 3 个。其中只有远边界条件与双向受拉板不同。

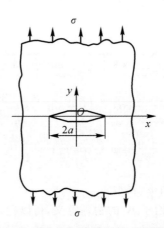

图 6.6　单向均匀拉伸下的 Ⅰ 型裂纹

仿照双向受拉情况求裂尖附近应力场的方法,由此求得裂尖附近的应力分量为

$$\left.\begin{aligned}
\sigma_x &= \frac{\sigma\sqrt{\pi a}}{\sqrt{2\pi r}}\cos\frac{\theta}{2}\left(1-\sin\frac{\theta}{2}\sin\frac{3\theta}{2}\right)-\sigma\\[2mm]
\sigma_y &= \frac{\sigma\sqrt{\pi a}}{\sqrt{2\pi r}}\cos\frac{\theta}{2}\left(1+\sin\frac{\theta}{2}\sin\frac{3\theta}{2}\right)\\[2mm]
\tau_{xy} &= \frac{\sigma\sqrt{\pi a}}{\sqrt{2\pi r}}\cos\frac{\theta}{2}\sin\frac{\theta}{2}\cos\frac{3\theta}{2}
\end{aligned}\right\}\tag{6.9}$$

比较式(6.1)和式(6.9)可以看出,单向受拉时裂尖应力场仅在 σ_x 分量表达式中比双向受拉时差一个常数项($-\sigma$);而含有奇异性的项和应力强度因子表达式都是完全一样的。因此一般情况下可以用式(6.1)代替式(6.9)。

四、无限大中心裂纹板受面内、外剪切

对于无限大板的 Ⅱ 型、Ⅲ 型裂纹问题也可以采用复变函数法进行求解。

(一)Ⅱ 型裂纹问题

远处受面内均匀纯剪力作用的无限大中心裂纹板为 Ⅱ 型裂纹问题,如图 6.7 所示。

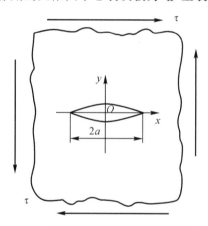

图 6.7　面内剪力作用下的 Ⅱ 型裂纹板

与 Ⅰ 型裂纹相似,剪力 τ 使裂纹尖端产生应力集中,形成的 3 个边界条件如下:
(1) 远边界,$z\to\pm\infty$,$x,y\to\pm\infty$,$\tau_{xy}=\tau$;
(2) 裂纹表面,$y=0$,$|x|<a$,$\tau_{xy}=0$;
(3) 裂纹尖端附近延长线上,$y=0$,$|x|>a$。
由于应力集中,$\tau_{xy}>\tau$,而且 x 越接近 $\pm a$,τ_{xy} 越大,则上述结构裂纹附近的应力分量为

$$\left.\begin{aligned}
\sigma_x &= \frac{-\tau\sqrt{\pi a}}{\sqrt{2\pi r}}\cos\frac{\theta}{2}\left(2+\cos\frac{\theta}{2}\cos\frac{3\theta}{2}\right)\\[2mm]
\sigma_y &= \frac{\tau\sqrt{\pi a}}{\sqrt{2\pi r}}\cos\frac{\theta}{2}\sin\frac{\theta}{2}\cos\frac{3\theta}{2}\\[2mm]
\tau_{xy} &= \frac{\tau\sqrt{\pi a}}{\sqrt{2\pi r}}\cos\frac{\theta}{2}\left(1-\sin\frac{\theta}{2}\sin\frac{3\theta}{2}\right)
\end{aligned}\right\}\tag{6.10}$$

应变分量为

$$
\left.
\begin{aligned}
\varepsilon_x &= \frac{-1}{2\mu(1+\nu')} \frac{\tau\sqrt{\pi a}}{\sqrt{2\pi r}} \sin\frac{\theta}{2} \left[2 + (1+\nu')\cos\frac{\theta}{2}\cos\frac{3\theta}{2} \right] \\
\varepsilon_y &= \frac{-1}{2\mu(1+\nu')} \frac{\tau\sqrt{\pi a}}{\sqrt{2\pi r}} \sin\frac{\theta}{2} \left[2\nu' + (1+\nu')\cos\frac{\theta}{2}\cos\frac{3\theta}{2} \right] \\
\gamma_{xz} &= \frac{1}{\mu} \frac{\tau\sqrt{\pi a}}{\sqrt{2\pi r}} \cos\frac{\theta}{2} \left(1 - \sin\frac{\theta}{2}\sin\frac{3\theta}{2} \right)
\end{aligned}
\right\}
\tag{6.11}
$$

位移分量为

$$
\left.
\begin{aligned}
u &= \frac{\tau\sqrt{\pi a}}{\mu(1+\nu')} \sqrt{\frac{r}{2\pi}} \sin\frac{\theta}{2} \left[2 + (1+\nu')\cos^2\frac{\theta}{2} \right] \\
v &= \frac{\tau\sqrt{\pi a}}{\mu(1+\nu')} \sqrt{\frac{r}{2\pi}} \cos\frac{\theta}{2} \left[(\nu'-1) + (1+\nu')\sin^2\frac{\theta}{2} \right]
\end{aligned}
\right\}
\tag{6.12}
$$

由以上各式可以看出,受面内剪力作用的无限大板中的 Ⅱ 型裂纹尖端应力强度因子为

$$
K_{\text{Ⅱ}} = \tau\sqrt{\pi a}
\tag{6.13}
$$

(二)Ⅲ 型裂纹问题

远处受面外均匀纯剪力作用下的无限大中心裂纹板为 Ⅲ 型裂纹问题,也称反平面问题,如图 6.8 所示。

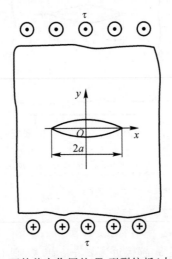

图 6.8　面外剪力作用的 Ⅲ 型裂纹板(中心裂纹)

与 Ⅰ,Ⅱ 型裂纹相似,面外剪力 τ 使裂纹尖端产生应力集中,形成的 3 个边界条件如下:

(1) 远边界,$z \to \pm\infty, x, y \to \pm\infty, \tau_{yz} = \tau, \tau_{xz} = 0$;

(2) 裂纹表面,$y = 0, |x| < a, \tau_{yz} = 0$;

(3) 裂纹尖端附近延长线上,$y = 0, |x| > a$。

由于应力集中,所以 $\tau_{yz} > \tau$,而且 x 越接近 $\pm a, \tau_{yz}$ 越大。

应力分量为

$$
\left.
\begin{array}{l}
\tau_{xz} = \dfrac{-\tau\sqrt{\pi a}}{\sqrt{2\pi r}}\sin\dfrac{\theta}{2} \\[4mm]
\tau_{yz} = \dfrac{\tau\sqrt{\pi a}}{\sqrt{2\pi r}}\cos\dfrac{\theta}{2}
\end{array}
\right\}
\tag{6.14}
$$

应变分量为

$$
\left.
\begin{array}{l}
\gamma_{xz} = \dfrac{-1}{\mu}\dfrac{\tau\sqrt{\pi a}}{\sqrt{2\pi r}}\sin\dfrac{\theta}{2} \\[4mm]
\gamma_{yz} = \dfrac{1}{\mu}\dfrac{\tau\sqrt{\pi a}}{\sqrt{2\pi r}}\cos\dfrac{\theta}{2}
\end{array}
\right\}
\tag{6.15}
$$

位移分量为
$$
w = \dfrac{\tau\sqrt{\pi a}}{\mu}\sqrt{\dfrac{2r}{\pi}}\sin\dfrac{\theta}{2}
\tag{6.16}
$$

由所得各分量可以看出,该问题的应力强度因子为

$$
K_{\mathbb{II}} = \tau\sqrt{\pi a}
\tag{6.17}
$$

若将图 6.8 中的无限大板沿裂纹中心处的 y 切开,由于对称性,沿切缝作用的剪应力为 0。这意味着 $K_{\mathbb{II}}$ 的产生只与半面板上的剪应力有关,因此,图 6.9 中受面外剪力作用的半无限大板边裂纹的应力强度因子与图 6.8 中的无限大板中心裂纹的应力强度因子应该是相同的。

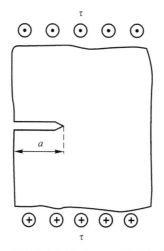

图 6.9　面外剪力作用下的 Ⅲ 型裂纹(边裂纹)

6.3　裂纹尖端塑性区

由前文讨论可知,处于各种开裂形式的裂纹尖端的应力应变各分量均对极径 r 有奇异性。即当 $r \to 0$ 时,各分量均趋于无穷大。实际上这是不可能的。工程材料中凡是能够发生屈服的材料,在这种情况下早已屈服了。因此在裂纹尖端前缘必然存在一个屈服区,称它为裂纹尖端塑性区,以下简称裂尖塑性区。

在本节中只限于讨论可能产生尺寸很小的塑性区的情况,即裂尖弹性解在它周围还有足

够精度情况下的塑性区形状,称为小范围屈服。构件材料假设为理想弹塑性材料。

一、裂纹尖端塑性区的大小

由于讨论的是小范围屈服情况,所以可以使用裂尖弹性解。主应力和应力分量 $\sigma_x, \sigma_y, \tau_{xy}$ 有解,其值为

$$\sigma_1, \sigma_2 = \frac{\sigma_x + \sigma_y}{2} \pm \sqrt{\frac{(\sigma_x - \sigma_y)^2}{2} + \tau_{xy}^2}, \quad \sigma_3 = \begin{cases} \mu(\sigma_1 + \sigma_2) & \text{(平面应变)} \\ 0 & \text{(平面应力)} \end{cases} \tag{6.18}$$

对 I 型裂纹,将式(6.18)代入式(6.5)中,得到

$$\left.\begin{aligned} \sigma_1 &= \frac{K_{\mathrm{I}}}{\sqrt{2\pi r}} \cos \frac{\theta}{2} \left(1 + \sin \frac{\theta}{2}\right) \\ \sigma_2 &= \frac{K_{\mathrm{I}}}{\sqrt{2\pi r}} \cos \frac{\theta}{2} \left(1 - \sin \frac{\theta}{2}\right) \\ \sigma_3 &= \begin{cases} \dfrac{2\mu K_{\mathrm{I}}}{\sqrt{2\pi r}} \cos \dfrac{\theta}{2} & \text{(平面应变)} \\ 0 & \text{(平面应力)} \end{cases} \end{aligned}\right\} \tag{6.19}$$

在裂纹延长线上(即 x 轴上),$\theta = 0°$,有

$$\left.\begin{aligned} \sigma_1 &= \sigma_2 = \frac{K_{\mathrm{I}}}{\sqrt{2\pi r}} \\ \sigma_3 &= \begin{cases} \dfrac{2\mu K_{\mathrm{I}}}{\sqrt{2\pi r}} & \text{(平面应变)} \\ 0 & \text{(平面应力)} \end{cases} \end{aligned}\right\} \tag{6.20}$$

常用的屈服判据有以下两个:

(1)Tresca 判据(第三强度理论或最大剪应力判据),屈服条件为

$$\tau_{xy} = \frac{\sigma_{\max} - \sigma_{\min}}{2} = \frac{\sigma_s}{2} \tag{6.21}$$

(2)Mises 判据(第四强度理论或形状能改变判据),屈服条件为

$$(\sigma_1 - \sigma_2)^2 + (\sigma_2 - \sigma_3)^2 + (\sigma_3 - \sigma_1)^2 = 2\sigma_s^2 \tag{6.22}$$

平面应力情况下,利用 Tresca 判据,有

$$\frac{\sigma_y - 0}{2} = \frac{\sigma_s}{2}, \quad \text{即 } \sigma_y = \sigma_s \tag{6.23}$$

利用 Mises 判据,有

$$2\sigma_y^2 = 2\sigma_s^2, \quad \text{即 } \sigma_y = \sigma_s \tag{6.24}$$

平面应变情况下,利用 Tresca 判据,有

$$\frac{\sigma_y - 2\mu\sigma_y}{2} = \frac{\sigma_s}{2}, \quad \text{即 } \sigma_y = \frac{\sigma_s}{1 - 2\mu} \tag{6.25}$$

利用 Mises 判据,有

$$2(\sigma_y - 2\mu\sigma_y)^2 = 2\sigma_s^2, \quad \text{即 } \sigma_y = \frac{\sigma_s}{1 - 2\mu} \tag{6.26}$$

由式(6.23)～式(6.26)可以看出,两个屈服判据在 I 型裂纹尖端 $\theta=0°$ 处给出了统一的屈服条件。若将 σ_y 的表达式代入这 4 个式子中,即可确定出 $\theta=0°$ 线上材料进入屈服范围的大小。令这一范围为 r_0,对于平面应力情况,由式(6.23)和式(6.24)可得

$$\left.\begin{aligned} \frac{K_{\text{I}}}{\sqrt{2\pi r_0}} &= \sigma_s \\ r_0 &= \frac{1}{2\pi}\left(\frac{K_{\text{I}}}{\sigma_s}\right)^2 \end{aligned}\right\} \tag{6.27}$$

对于平面应变情况,由式(6.25)和式(6.26)可得

$$\left.\begin{aligned} \frac{K_{\text{I}}}{\sqrt{2\pi r_0}} &= \frac{\sigma_s}{1-2\mu} \\ r_0 &= \frac{1}{2\pi}\left[\frac{K_{\text{I}}}{\sigma_s/1-2\mu}\right]^2 \end{aligned}\right\} \tag{6.28}$$

r_0 的几何意义如图 6.10 和图 6.11 所示。

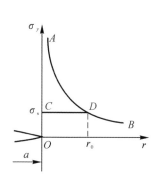
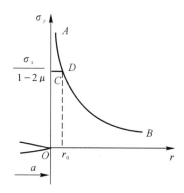

图 6.10 平面应力下 $\theta=0°$ 处塑性区尺寸 r_0 图 6.11 平面应变下 $\theta=0°$ 处塑性区尺寸 r_0

由于裂尖前缘材料进入屈服,导致一部分应力松弛,奇异性消失。在 $\theta=0°$ 线上,r_0 域内处处有 $\sigma_y=\sigma_s$,σ_y 的分布曲线由 ADB 变成 CDB,图 6.12 中面积 ACD 所表示的应力失去了承担者,这将无法保证内力与外力的平衡。因此 σ_y 的分布不可能简单地变为 CDB 曲线。进入屈服的范围也不会像 r_0 这样小。

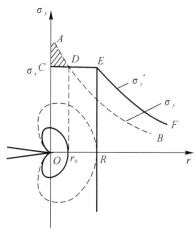

图 6.12 应力松弛后的屈服区

假设松弛掉的应力由 r_0 域以外的材料相继承担,直至屈服。从而有图 6.12 中面积 $FEDB$ = 面积 ACD。塑性区尺寸由 r_0 增大到 R,并假设重新分布后的应力曲线 EF 与应力曲线 DB 有近似相同的分布规律。那么,对无限边界可以认为面积 $FERr$ 与面积 BDr_0r 近似相等。由此可以得出 CE 直线下的面积与 AD 曲线下的面积相等。将这一结论用应力积分表达式表示,有

$$R\sigma_s = \int_0^{r_0} \sigma_y \mathrm{d}r = \int_0^{r_0} \frac{K_{\mathrm{I}}}{\sqrt{2\pi r}} \mathrm{d}r = K_{\mathrm{I}} \sqrt{\frac{2r_0}{\pi}} \tag{6.29}$$

将式(6.27)代入式(6.29),有

$$R = \frac{1}{\pi} \left(\frac{K_{\mathrm{I}}}{\sigma_s} \right)^2 = 2r_0 \tag{6.30}$$

可以看出,$\theta = 0°$ 线上的塑性区尺寸 R 为一级估计 r_0 的 2 倍。

二、裂纹尖端塑性区的形状

在上节中只讨论了裂尖前缘 $\theta = 0°$ 线上的塑性区尺寸,本节将对整个塑性区的尺寸进行一般性的讨论。

将 I 型裂纹尖端前缘的主应力表达式(6.19)代入两个屈服判据中,可以得到裂尖塑性区的一级估计的形状方程。

平面应力情况下,利用 Tresca 判据,有

$$r_0(\theta) = \frac{K^2}{2\pi\sigma_s^2} \cos^2 \frac{\theta}{2} \left(1 + \sin \frac{\theta}{2} \right)^2 \tag{6.31}$$

利用 Mises 判据,有

$$r_0(\theta) = \frac{K^2}{2\pi\sigma_s^2} \cos^2 \frac{\theta}{2} \left(1 + 3 \sin^2 \frac{\theta}{2} \right) \tag{6.32}$$

平面应变情况下,利用 Tresca 判据,有

$$r_0(\theta) = \begin{cases} \dfrac{K^2}{2\pi\sigma_s^2} \cos^2 \dfrac{\theta}{2} \left(1 - 2\mu + \sin \dfrac{\theta}{2} \right)^2 & (\sigma_1 - \sigma_3 = \sigma_s) \\[3mm] \dfrac{K^2}{2\pi\sigma_s^2} \cos^2 \dfrac{\theta}{2} \left(2\sin \dfrac{\theta}{2} \right)^2 & (\sigma_1 - \sigma_2 = \sigma_s) \end{cases} \tag{6.33}$$

利用 Mises 判据,有

$$r_0(\theta) = \frac{K^2}{2\pi\sigma_s^2} \cos^2 \frac{\theta}{2} \left[3 \sin^2 \frac{\theta}{2} + (1 - 2\mu)^2 \right] \tag{6.34}$$

图 6.13 给出了式(6.31)～式(6.34)所表示的方程曲线。图中塑性区尺寸 $r_0(\theta)$ 是以无量纲的值 $r_0(\theta) \pi / (K_{\mathrm{I}}/\sigma_s)^2$ 来表示的。由图可见,平面应变状态下的塑性区比平面应力状态下的塑性区小得多。

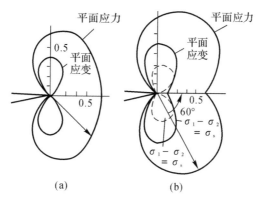

图 6.13　Ⅰ 型裂纹尖端塑性区的形状（一级估计）

(a)Tresca 判据；　(b)Mises 判据

三、实际构件塑性区尺寸的确定

上文给出了在平面应力和平面应变状态下的塑性区尺寸。但是，实际的工程构件，并不是处于完全平面应力或完全平面应变状态。

对式(6.28)取 $\nu = 1/3$ 时，有

$$r_0 = \frac{1}{2\pi}\left(\frac{K_{\mathrm{I}}}{\sigma_{\mathrm{s}}}\right)^2 \qquad （平面应力） \tag{6.35}$$

$$r_0 = \frac{1}{18\pi}\left(\frac{K_{\mathrm{I}}}{\sigma_{\mathrm{s}}}\right)^2 \qquad （平面应变） \tag{6.36}$$

断裂力学对含裂构件应力状态的讨论，着眼于裂纹尖端前缘的材料所处的应力状态。它取决于塑性尺寸 R 与构件厚度 B 的比值。当这一比值趋于 1 时，裂尖前缘材料的塑性变形容易发生；伴随着表面的颈缩现象，此时这些材料表现为平面应力状态，如图 6.14(a) 所示。当这一比值远小于 1 时，裂纹前缘塑性区犹如一根细棒被周围的弹性区所包围，致使塑性变形难以发生，此时这些材料表现为平面应变状态，如图 6.14(b) 所示。

对介于上述两个比值之间的构件，表面有 $\sigma_x = 0$，处于平面应力状态；中间部分由于受到约束，处于平面应变状态；并且对整个构件而言，两种状态都不能被忽略。沿厚度方向塑性区尺寸呈现明显的三维状态，如图 6.14(c) 和图 6.15 所示。这种构件断口中的剪切唇厚度，即为平面应力状态所占的厚度，在整个厚度中占有明显的比例，如图 6.16 所示。对于这种应力状态，也称它为工程平面应变状态。Irwin 根据试验结果建议对金属材料 σ_{s} 修正为 $\sqrt{2\sqrt{2}}\,\sigma_{\mathrm{s}}$，$\theta = 0°$ 处的塑性区尺寸表达式为

$$\left.\begin{array}{l} r_0 = \dfrac{1}{4\sqrt{2}\,\pi}\left(\dfrac{K_{\mathrm{I}}}{\sigma_{\mathrm{s}}}\right)^2 \\[3mm] R = \dfrac{1}{2\sqrt{2}\,\pi}\left(\dfrac{K_{\mathrm{I}}}{\sigma_{\mathrm{s}}}\right)^2 \end{array}\right\} \tag{6.37}$$

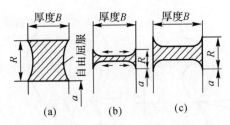

图 6.14　R/B 值对应力状态影响的示意图

(a) 与板厚数量级的塑性区尺寸；　(b) 小塑性区；　(c) 中间情况

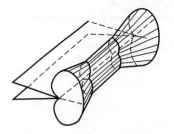

图 6.15　裂尖前缘的三维塑性区

图 6.16　剪切唇示意图

6.4　能　量　理　论

　　1920—1921 年，Griffith 通过研究"为什么玻璃的实际强度比从它的分子结构所预期的强度低得多？"的问题得出了适用于脆性材料的能量准则。本节通过一种解释模型来阐述这一准则。

　　考虑一块单位厚度的大板，板中心有一条很小的穿透裂纹 $2a$，如图 6.17 所示，材料为各向同性理想脆性的，板承受单向拉伸载荷，由零加载至 P_σ 后将板的两端固定。当 P_σ 足够大时，板端固定后裂纹将扩展 $2\mathrm{d}a$。

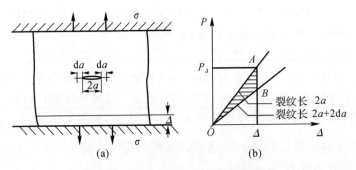

图 6.17　Griffith 理论的一种解释模型

(a) 恒位移模型；　(b) 裂纹扩展时的弹性能变化

　　固定板的两端意味着切断了试验件与外界的能量交换，模拟玻璃发生断裂是非常突然的，外部能量无法给它补充能量。裂纹扩展必然会造成板中能量的变化，下面进行分析。

　　当外载由零加至 P_σ 时，板子伸长 Δ，如图 6.17(a) 所示。此时板内存储的弹性变形能为

$$U = \frac{1}{2} P_\sigma \Delta \tag{6.38}$$

板的受力变形状态以图 6.17(b) 中的 A 点表示。由于边界固定，外力无法做功，裂纹扩展 $2\mathrm{d}a$ 所需的能量只能由板件系统内部的弹性能来提供。把板想象成由数根脆性弹簧组成，如图 6.18 所示。在 P_σ 的作用下弹簧被拉紧，这体现了弹性变形能的存储。裂纹扩展 $2\mathrm{d}a$ 相当于裂尖处断掉的一些弹簧。如果认为弹簧变形能的总和表示板中弹性变形能，那么弹簧的断掉即表示板中变形能的下降。在板的两端固定的情况下，弹性变形能的下降路线为 A 点到 B 点，如图 6.17(b) 所示。下降的这一部分弹性能（图中面积 AOB），自然用于裂纹扩展。

Griffit 在试验的基础上提出："如果裂纹扩展所释放出来的能量足以提供其扩展所需要的全部能量，裂纹就扩展。"这一观点表明，在与外界无能量交换的条件下，系统因裂纹扩展所释放出的能量实际上就是裂纹扩展的驱动力。上面的试验已表明，裂纹扩展确实使系统释放了能量，这部分能量应该用于裂纹扩展。如果把图 6.18 中的模型想象成是一些互相牵连的弹簧，当裂尖处的一根弹簧断掉时，它所具有的回缩力会牵动紧挨着的弹簧，并力图使其断开。外力越大，弹簧拉得越紧，断开时的回缩力就越大，越能使近旁的弹簧断开。当外载足够大时，大到了板有了足够的能量，在裂纹扩展时放出，能满足裂纹扩展的需要，裂纹就扩展。上述的 Griffith 的观点就是对裂纹能够扩展的能量条件的定性解释。

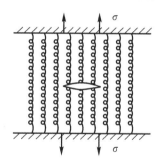

图 6.18　由弹簧组成的恒位移模型

设单位厚度板中的弹性变形能为 U，扩展 $\mathrm{d}a$ 造成的弹性变形能的减少量为 $\mathrm{d}U$。裂纹扩展所需要的能量是破坏原子键生成新的裂纹表面所需的能量，称为表面能，以 W 表示。扩展 $\mathrm{d}a$ 所需要的表面能为 $\mathrm{d}W$。那么，上述的能量条件即可表示为

$$\frac{\mathrm{d}U}{\mathrm{d}a} = \frac{\mathrm{d}W}{\mathrm{d}a} \tag{6.39}$$

这是一个随遇平衡条件，即只给出了扩展开始的条件，不包括扩展以前和扩展以后的情况。

Griffith 根据 Inglis 在 1913 年求出的单向拉力作用下，处于平面应力状态大薄板中心椭圆扁孔附近的应力场，得出了中心裂纹板裂纹在扩展单位面积时系统提供的能量为

$$\frac{\mathrm{d}U}{\mathrm{d}a} = \frac{\pi \sigma^2 a}{E} \tag{6.40}$$

通常用 G 代替 $\dfrac{\mathrm{d}U}{\mathrm{d}a}$，即

$$G = \frac{\pi \sigma^2 a}{E} \tag{6.41}$$

这就是所谓的裂纹尖端"能量释放率",又称为裂纹扩展驱动力,表示裂纹扩展单位长度厚板的能量,即裂纹扩展单位长度的力。

裂纹扩展消耗的能量以 $R = \mathrm{d}W/\mathrm{d}a$ 表示,称为裂纹扩展阻力。可以假设,裂纹每次扩展 $\mathrm{d}a$ 所需要的能量是相同的,即 R 是常数。

式(6.39)的能量条件现在可以理解为,为了裂纹得以扩展,G 至少应该等于 R。如果 R 是常数,则 G 必须超过一定的临界值 $G_{\mathrm{I}c}$,裂纹才能扩展,即在下述情况下裂纹扩展

$$\frac{\pi\sigma_{\mathrm{c}}^2 a}{E} = G_{\mathrm{I}c} \qquad \left(\sigma_{\mathrm{c}} = \sqrt{\frac{EG_{\mathrm{I}c}}{\pi a}}\right) \tag{6.42}$$

对于包含裂纹长度为 $2a$ 的平板,测定其断裂的临界载荷 σ_{c},由式(6.42)即可求得临界值 $G_{\mathrm{I}c}$。

以上是 Griffith 对玻璃材料推导的方程,他假设 R 仅包含表面能。在韧性材料中,裂纹尖端附近发生了塑性变形,裂纹扩展可以看成是形成裂纹尖端塑性区的过程,即 R 主要是塑性功,其表面能可以忽略不计。

由应力强度因子表达式和能量释放率的表达式可以得到

$$G = \frac{\pi\sigma^2 a}{E} = \frac{K_{\mathrm{I}}^2}{E} \qquad （平面应力） \tag{6.43}$$

对于平面应变情况,有

$$G = \frac{\pi\sigma^2 a(1-\mu^2)}{E} = \frac{K_{\mathrm{I}}^2(1-\mu^2)}{E} \qquad （平面应变） \tag{6.44}$$

由能量释放率 G 与应力强度因子 K 之间的关系,在线弹性断裂力学范围内,G 准则与 K 准则是一致的。以 I 型裂纹为例,G 准则可以表示为

$$\left.\begin{aligned} G &= G_{\mathrm{c}} \qquad （平面应力） \\ G &= G_{\mathrm{I}c} \qquad （平面应变） \end{aligned}\right\} \tag{6.45}$$

时裂纹发生失稳。

当失稳扩展时还有下面的关系式存在,即

$$\left.\begin{aligned} G_{\mathrm{c}} &= \frac{K_{\mathrm{c}}^2}{E} \qquad （平面应力） \\ G_{\mathrm{I}c} &= \frac{K_{\mathrm{I}c}^2(1-\mu^2)}{E} \qquad （平面应变） \end{aligned}\right\} \tag{6.46}$$

式中:$G_{\mathrm{I}c}$,G_{c}——裂纹扩展阻力 R 的某一临界值。

式(6.45)就是 Irwin 和 Orowan 在 Griffith 能量准则的基础上经过修正所获得的适用于韧性材料的能量准则。当 $G_{\mathrm{I}c}$ 或 G_{c} 取为表面能时,该准则也适用于脆性材料。

第 7 章　应力强度因子的计算

应力强度因子的计算是线弹性断裂力学的中心内容,其方法有三大类:解析法、数值法和实测法,每一类中又有若干种方法。解析法中,有 Wesetgraard 应力函数法、Kolosov - Muskhelishvili 复变函数法、积分变换法、Green 函数法等。数值法中,有有限差分法(Finite Difference Method,FDM)、边界配置法(Boundary Collocation Method,BCM)、有限元法(Finite Element Method,FEM)、边界元法(Boundary Element Method,BEM)等。实测法中,有柔度法、网格法、光弹性法、激光全息法、激光散斑法和云纹法等。实测法一般用来解决复杂问题,解析法只能计算简单问题,大多数问题需要采用数值法。本章主要介绍常用的有限元法、叠加法和 Green 函数法的基本原理,以及常见结构的应力强度因子结果。

7.1　有　限　元　法

对于复杂的裂纹问题,一般采用有限元法,这种方法可以用计算机进行计算,结果相当精确。有限元法并不局限于线弹性问题,在研究弹塑性断裂力学、疲劳和蠕变裂纹扩展速率等问题方面,也得到普遍应用。本节仅介绍有限元在线弹性断裂力学方面的应用。

一、直接位移法

有限元法中求解裂纹尖端应力强度因子的直接位移法是利用有限元法求得裂纹尖端附近处的位移分量的数值解后,利用有关裂纹尖端附近处的位移场的表达式,求出应力强度因子的值

$$u = \frac{\sigma\sqrt{\pi a}}{G(1+\mu')}\frac{\sqrt{r}}{\sqrt{2\pi}}\cos\frac{\theta}{2}\left[(1-\mu')-(1+\mu')\sin^2\frac{\theta}{2}\right]$$
$$v = \frac{\sigma\sqrt{\pi a}}{G(1+\mu')}\frac{\sqrt{r}}{\sqrt{2\pi}}\sin\frac{\theta}{2}\left[2-(1+\mu')\cos^2\frac{\theta}{2}\right] \tag{7.1}$$

式中　　G—— 剪切模量;

$$\mu' = \begin{cases} \mu/1-\mu & \text{(平面应变)} \\ \mu & \text{(平面应力)} \end{cases}, \quad \mu \text{ 为泊松比。}$$

以 Ⅰ 型裂纹,平面应变情况,$\theta=\pi$ 为例,代入式(7.1),又因为 $G=\dfrac{E}{2(1+\mu)}$,所示裂尖 y 向位移为

$$\nu = \frac{4(1-\mu^2)}{\sqrt{2\pi}E}K_{\mathrm{I}}\sqrt{r} \tag{7.2}$$

由上式取极限 $r \to 0$，得

$$K_{\mathrm{I}} = \lim_{r \to 0} \left(\frac{\sqrt{2\pi} E\nu}{4(1-\mu^2)\sqrt{r}} \right) \qquad (7.3)$$

裂纹尖端的位移场和应力场仅在 $r \to 0$ 的裂纹尖端附近非常小的区域内才有效，在有限元分析中，由于裂纹尖端的奇异性，最靠近裂纹尖端的单元计算所得的位移和应力误差很大。且当 $r \to 0$ 时，$\frac{1}{\sqrt{r}} \to \infty$，式(7.3)不能利用，故只能取距裂纹尖端有一定距离的单元的计算结果，可用裂纹面上的若干个不重复的结点 r_i，得出相应的有限元解 ν_i，由式(7.3)计算——对应的 $K_{\mathrm{I}i}$。

$$K_{\mathrm{I}i} = \lim_{r \to 0} \left(\frac{\sqrt{2\pi} E\nu_i}{4(1-\mu^2)\sqrt{r_i}} \right)$$

即将 $K_{\mathrm{I}i}$ 视为 r 的函数，再根据线性回归(最小二乘法外推)，可得 $r=0$ 时的应力强度因子值 K_{I}，如图 7.1 所示。

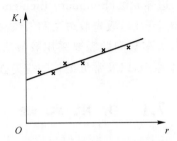

图 7.1 直接位移法求应力强度因子的示意图

二、应力法

根据 I 型裂纹尖端附近的应力公式(6.5)，可得

$$\sigma_{ij}(r, \theta) = \frac{K_{\mathrm{I}}}{\sqrt{2\pi r}} f_{ij}(\theta) \qquad (i, j = 1, 2) \qquad (7.4)$$

其中

$$\sigma_{11} = \sigma_x, \quad \sigma_{12} = \tau_{xy}, \quad \sigma_{22} = \sigma_y$$

$$f_{11} = \cos \frac{\theta}{2} \left(1 - \sin \frac{\theta}{2} \sin \frac{3\theta}{2} \right)$$

$$f_{22} = \cos \frac{\theta}{2} \left(1 + \sin \frac{\theta}{2} \sin \frac{3\theta}{2} \right)$$

$$f_{21} = \sin \frac{\theta}{2} \cos \frac{\theta}{2} \cos \frac{3\theta}{2}$$

与位移法相同，用有限元求出应力 σ_{ij}，代入式(7.4)可求得应力强度因子 K_{I} 值。一般认为取 $\theta = 0°$ 处，即裂纹线上应力 σ_y 计算 K_{I} 为好，此时

$$K_{\mathrm{I}} = \sigma_y \sqrt{2\pi r} \qquad (7.5)$$

与位移法相同，求出不同 r 处应力，代入式(7.5)中，即可得到相应的 K_{I}，作出 $K_{\mathrm{I}} - \frac{r}{W}$ 直

线,外推到纵坐标轴上,可以得到所要求的 K_{I} 值。

当有限元法采用刚度法求应力时,应力场都要通过对位移场求偏导数,将求得的应力与位移法比较,精度要低很多。因此,求应力强度因子的应力法,其精度比位移法要低。一般采用有限元的刚度法时,最好用位移法。

三、基于能量释放率的间接法

间接法不是直接从应力或位移公式计算应力强度因子,而是通过计算能量释放率,再换算成 K_{I},这样可以避免在裂纹尖端附近用很细的网格,同样得到较高的精度。虚拟裂纹闭合法只用裂纹尖端的节点力和裂尖前缘的位移就可以得到能量释放率 G。

虚拟裂纹闭合法是根据 Irwin 能量理论提出的,该理论假设裂纹扩展中释放的能量等于闭合裂纹所需要的能量(功)。如图 7.2 所示,假设裂纹扩展了 Δc 后,裂纹前缘的形状无明显变化,即裂尖在扩展后的 j 点时 l 点的张开位移与裂纹尖端在 l 点时 n 点的张开位移相等。Irwin 给出的闭合 j 点裂纹状态到 l 点裂纹状态功的积分公式为

$$W = \frac{1}{2}\int_0^{\Delta c} u(r)\sigma(r-\Delta c)\mathrm{d}r \tag{7.6}$$

式中:u——裂尖张开位移;

σ——应力;

r——积分点到裂尖的距离。

能量释放率 G 为

$$G = \lim_{\Delta c \to 0}\frac{W}{\Delta c} = \lim_{\Delta c \to 0}\frac{1}{2\Delta c}\int_0^{\Delta c} u(r)\sigma(r-\Delta c)\mathrm{d}r \tag{7.7}$$

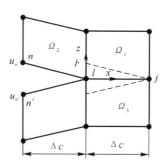

图 7.2　二维四节点 QUAD 单元

有限元分析中,闭合裂纹从 j 到 l 状态需要做功的一般形式为

$$W = \frac{1}{2}Fu \tag{7.8}$$

式中:F——l 点的节点力;

u——裂纹上、下面相对位移,$u = u_n - u_n'$。

根据应变能量释放率 G_{I} 和应力强度因子 K_{I} 的关系,有

$$G_{\mathrm{I}} = \frac{K_{\mathrm{I}}}{E} \tag{7.9}$$

由此可见,只要知道应变能量释放率 G_{I} 就可以计算应力强度因子 K_{I}。求解应变能量释

放率的方法很多,常用的方法有弹性应变能法、柔度法、线积分法(J积分法),此外,还有采用等参数单元法或四分之一节点元法,以及国内提出的无限相似元法等,此处不做详细介绍。

7.2　叠　加　法

上节介绍了有关应力强度因子的计算方法,目前工程中已将不同载荷情况下的应力强度因子的计算公式汇编成手册,可为工程中使用提供参考,采用这些公式时可用叠加原理。

一、叠加原理

由于线弹性断裂力学方法建立在弹性基础上,故可用线性累加每种类型载荷所产生的应力强度因子来确定一种以上的载荷对裂纹尖端应力场的影响。在相同几何形状的情况下,累加应力强度因子解的过程称为叠加原理。造成同一开裂方式的应力强度因子求和过程的唯一限制是应力强度因子必须以相同的几何形状(包括裂纹几何形状)为前提。

如果结构在几种或者特殊载荷作用下,产生了复合裂纹,则各型应力强度因子是在将载荷分解后各型裂纹问题的应力强度因子本身的叠加。

例7.1　叠加法示意图一如图7.3所示。

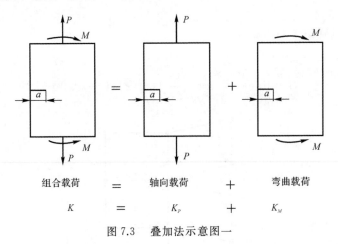

组合载荷　　=　　轴向载荷　　+　　弯曲载荷

$$K \quad = \quad K_P \quad + \quad K_M$$

图7.3　叠加法示意图一

例7.2　叠加法示意图二如图7.4所示。

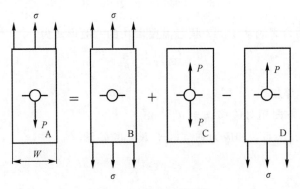

图7.4　叠加法示意图二

$$K_D = K_A, \qquad K_A = \frac{1}{2}(K_B + K_C)$$

例 7.3　叠加法示意图三如图 7.5 所示。

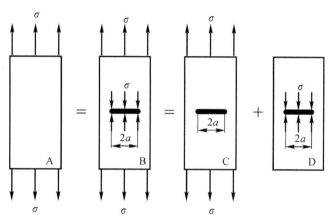

图 7.5　叠加法示意图三

图 7.5 中结构元件 B 与结构元件 A 完全相同;裂纹闭合应力恰好抵消沿该线的远处应力的影响,因此结构元件 B 仍然始终承受均匀拉伸。结构元件 B 可进一步分解成结构元件 C 和 D。注意到结构元件 A 为无裂纹体,有 $K_A = 0$,即 $K_C + K_D = 0$, $K_D = -K_C$,这里元件 D 上所示的裂纹加载应力是裂纹闭合应力,因此得到的应力强度因子是远处加载情况下应力强度因子的负值。

若将图 7.5 所示的 D 中作用在裂纹面的分布载荷改变方向,如图 7.6 所示,则有 $K_E = K_C$。

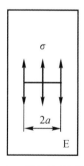

图 7.6　叠加法示意图四

二、叠加法

如图 7.7 所示,在复杂外力作用下,裂纹尖端的 K_I 等于没有外力作用,但在裂纹表面上反向作用着无裂纹时外力在裂纹所在处产生的内应力所导致的 K_I。

$$K_A = K_C$$

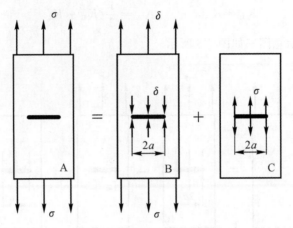

图 7.7　应力场叠加法示意图

例 7.4　叠加法示意图五如图 7.8 所示。

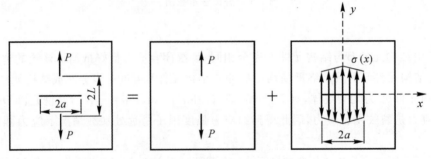

图 7.8　叠加法示意图五

这里，$\sigma(x)$ 为 P 载荷下无裂纹结构假想裂纹处的应力分布，则

$$K_A = K_C$$

当应用叠加原理求解应力强度因子时，下列两点是须注意的：

(1) 只允许对同一开裂类型，同一含裂纹几何体的 K 作叠加；

(2) 负值的应力强度因子只有在它能抵消正值的应力强度因子这点上才有意义。

7.3　Green 函数法

一、点载荷作用下的基本解

如图 7.9 所示，无限大板中心裂纹，在裂纹面上下表面距离裂纹中心 b 处作用一对集中载荷 P，设板厚为 t，则 AB 两个端点处的应力强度因子分别为

$$K_{IA} = \frac{P}{t} \frac{1}{\sqrt{\pi a}} \sqrt{\frac{a+b}{a-b}}$$

$$K_{IB} = \frac{P}{t} \frac{1}{\sqrt{\pi a}} \sqrt{\frac{a-b}{a+b}}$$

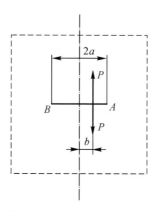

图 7.9　Green 函数法示意图

二、裂纹面分布应力作用的应力强度因子

根据应力强度因子的可叠加性,且基于裂纹问题的点载荷解,单位厚度点载荷(P/t)可用应力 $\sigma(x)$ 与其作用的距离 $\mathrm{d}x$ 的乘积来代替。可见,这个解可用来求裂纹面分布应力的应力强度因子。

作用在如图 7.10 所示的裂纹面分布应力的应力强度因子为

$$K = \int_{-a}^{a} \frac{\sigma(x)\mathrm{d}x}{\sqrt{\pi a}} \sqrt{\frac{a+x}{a-x}} \tag{7.10}$$

一般形式为

$$K = \frac{1}{\sqrt{\pi a}} \int_{0}^{a} \sigma(x)G(x,a)\mathrm{d}x \tag{7.11}$$

此处 G 实际上就是 Green 函数(有时 Green 函数也称为权函数)。

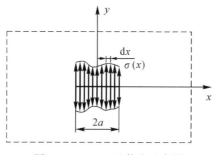

图 7.10　Green 函数法示意图

7.4　常见裂纹体裂尖应力强度因子解

下文给出工程分析计算中常见的结构裂纹体的应力强度因子计算公式。

(1)无限大板具有长为 $2a$ 的穿透裂纹,在裂纹上、下表面距离中心为 b 处各作用一对集中力 P,P 为单位厚度上的载荷,如图 7.11 所示。其应力强度因子为

$$K_{IA} = \frac{P}{\sqrt{\pi a}} \sqrt{\frac{a+b}{a-b}}$$

$$K_{IB} = \frac{P}{\sqrt{\pi a}} \sqrt{\frac{a-b}{a+b}}$$

（2）无限大板具有与均匀拉应力 σ 成 β 角的任意斜裂纹，如图 7.12 所示，则其应力强度因子为

$$K_I = \sigma (\pi a)^{1/2} \sin^2 \beta$$

$$K_{II} = \sigma (\pi a)^{1/2} \sin \beta \cos \beta$$

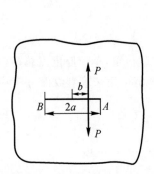

图 7.11　无限大板中心裂纹

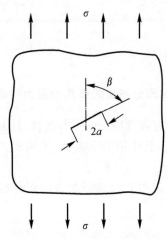

图 7.12　无限大板任意斜裂纹

（3）无限大板在圆孔边产生裂纹，如图 7.13 所示，则其应力强度因子为

$$K_I = \sigma (\pi a)^{1/2} F\left(\frac{L}{r}\right)$$

$$K_{II} = 0$$

其中，$F\left(\dfrac{L}{r}\right)$ 可由表 7.1 查得。

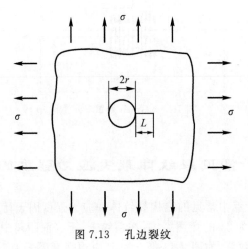

图 7.13　孔边裂纹

表 7.1　$F\left(\dfrac{L}{r}\right)$ 系数

$\dfrac{L}{r}$	$F\left(\dfrac{L}{r}\right)$ 单侧裂纹		$F\left(\dfrac{L}{r}\right)$ 双侧裂纹	
	单向拉伸	双向拉伸	单向拉伸	双向拉伸
0	3.93	2.26	3.93	2.26
0.1	2.37	1.98	2.73	1.98
0.2	2.30	1.82	2.41	1.83
0.3	2.04	1.67	2.15	1.70
0.4	1.86	1.58	1.96	1.16
0.5	1.73	1.49	1.83	1.57
0.6	1.64	1.42	1.71	1.52
0.8	1.47	1.32	1.58	1.43
1.0	1.37	1.22	1.45	1.38
1.5	1.18	1.06	1.29	1.26
2.0	1.06	1.01	1.21	1.20
3.0	0.94	0.93	1.14	1.13
5.0	0.81	0.81	1.07	1.06
10.0	0.75	0.75	1.03	1.03
∞	0.707	0.707	1.00	1.00

（4）具有边裂纹的半无限大板,受均布载荷 σ 和 τ 作用,如图 7.14 所示,则其应力强度因子为

$$K_{\text{I}} = \alpha\sigma\,(\pi a)^{1/2}, \alpha = 1.122$$

$$K_{\text{II}} = \beta\tau\,(\pi a)^{1/2}, \beta = 1.122$$

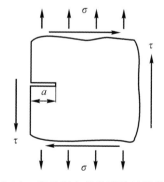

图 7.14　半无限大板边裂纹远端载荷

（5）具有边裂纹的半无限大板，受直线分布载荷 $\sigma(x)=\sigma\sum\limits_{n=0}^{1}C_n\left(\dfrac{a}{x}\right)^n$ 作用，如图 7.15 所示，则其应力强度因子为

$$K_{\text{I}}=\alpha\sigma\sqrt{\pi a}$$
$$K_{\text{II}}=K_{\text{III}}=0$$

其中

$$\alpha=\sqrt{2}\,(0.793\,0C_0+0.482\,9C_1)$$

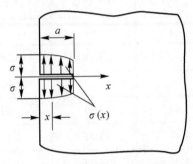

图 7.15　半无限大板边裂纹裂纹面载荷

（6）含中心贯穿裂纹的有限宽板，受均布拉伸载荷，如图 7.16 所示，则其应力强度因子为

$$K_{\text{I}}=F\sigma\sqrt{\pi a}$$

其中，F 为修正系数，常用以下两种经验公式求得：

1）取无限板具有周期性裂纹的解作为近似解，即

$$F=\sqrt{\dfrac{2b}{\pi a}\tan\dfrac{\pi a}{2b}}$$

2）对 Isida 公式的最小二乘法拟合可得

$$F=1+0.128\left(\dfrac{a}{b}\right)-0.288\left(\dfrac{a}{b}\right)^2+1.525\left(\dfrac{a}{b}\right)^3$$

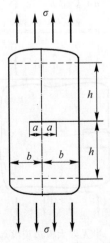

图 7.16　有限宽板中心裂纹远端均匀载荷

（7）含中心贯穿裂纹的有限宽板，裂纹表面受均布载荷，如图 7.17 所示，则其应力强度因子为

$$K_{\mathrm{I}} = \alpha\sigma\sqrt{\pi a}$$

$$K_{\mathrm{II}} = K_{\mathrm{III}} = 0$$

其中，当 $a/b \leqslant 0.5$ 时

$$\alpha = \sqrt{\frac{2b}{\pi a}\tan\frac{\pi a}{2b}}$$

当 $a/b \leqslant 0.7$ 时

$$\alpha = \sqrt{\sec\frac{\pi a}{2b}}$$

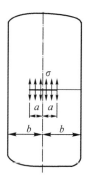

图 7.17　有限宽板中心裂纹裂纹面均匀载荷

（8）一侧含边裂纹的有限宽板，受均布拉伸载荷，如图 7.18 所示，则其应力强度因子为

$$K_{\mathrm{I}} = F\sigma\sqrt{\pi a}$$

其中

$$F = 1.12 - 0.234\left(\frac{a}{b}\right) + 10.55\left(\frac{a}{b}\right)^2 - 21.72\left(\frac{a}{b}\right)^3 + 30.39\left(\frac{a}{b}\right)^4$$

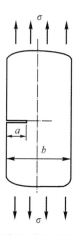

图 7.18　有限宽板单边裂纹远端均匀载荷

（9）两侧含边裂纹的有限宽板，受均布拉伸载荷，如图 7.19 所示，则其应力强度因子为

$$K_{\mathrm{I}} = F\sigma\sqrt{\pi a}$$

其中，F 为修正系数，常用的经验公式有

1）Bowie 公式

$$F = 1.12 + 0.203\left(\frac{a}{b}\right) - 1.197\left(\frac{a}{b}\right)^2 + 1.930\left(\frac{a}{b}\right)^3$$

2）Irwin 公式

$$F = \left[1 + 0.122\cos^4\left(\frac{\pi a}{2b}\right)\right]\sqrt{\frac{2b}{\pi a}\tan\frac{\pi a}{2b}}$$

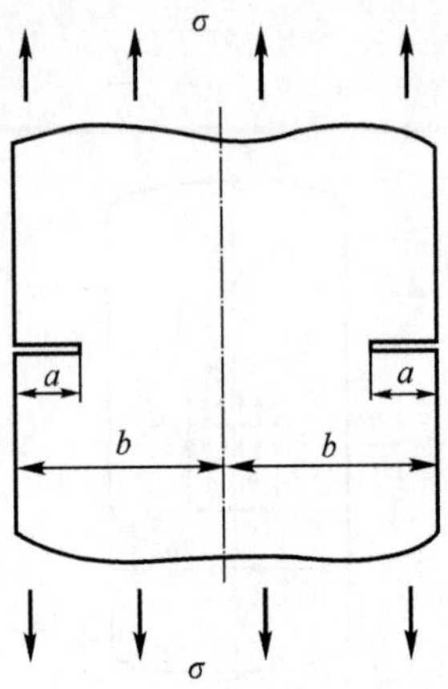

图 7.19　有限宽板双边裂纹远端均匀载荷

（10）一侧含边裂纹有限宽板，远端受力矩作用，如图 7.20 所示，则其应力强度因子为

$$K_{\mathrm{I}} = F\sigma\sqrt{\pi a}$$

$$\sigma = 6M/b^2$$

厚度

$$t = 1$$

其中，修正系数为

$$F = 1.122 - 1.40\left(\frac{a}{b}\right) + 7.33\left(\frac{a}{b}\right)^2 - 13.08\left(\frac{a}{b}\right)^3 + 14.0\left(\frac{a}{b}\right)^4$$

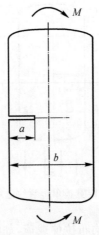

图 7.20　有限宽板单边裂纹远端弯曲载荷

第8章　疲劳裂纹扩展寿命计算

大多数结构在使用中均承受交变载荷。结构使用寿命(从开始承载直至破坏所经历的交变载荷循环数或作用时间)通常可分为疲劳裂纹形成寿命和疲劳裂纹扩展寿命两部分。疲劳裂纹形成寿命是由微观缺陷发展到宏观可检测裂纹所对应的寿命,目前仍由疲劳理论的方法予以确定;而疲劳裂纹扩展寿命则是由宏观可检测裂纹扩展到临界裂纹而发生破坏这段区间的寿命,用断裂力学方法确定。

结构损伤容限设计规定在所有基本的构件中都假设存在着裂纹,而在指定的交变载荷作用下,在规定的期间内,这些裂纹不允许扩展到引起结构破坏的尺寸,为满足这样的要求,就必须预测构件的疲劳裂纹扩展寿命。

疲劳裂纹扩展寿命取决于初始裂纹长度 a_0,临界裂纹长度 a_c,以及构件的疲劳裂纹扩展特性。a_0 通常取作可检测尺寸,它取决于无损检验水平、结构的可检性以及对漏检概率的要求。a_c 可根据构件所承受的最大载荷,依据断裂准则加以确定。

构件的疲劳裂纹扩展特性由下述因素决定。

(1)构件所经历的应力-时间历程,即应力(载荷)谱;

(2)相应于构件几何形状与裂纹形态的应力强度因子;

(3)对应于构件的材料与有关环境的基本裂纹扩展速率;

(4)应力(载荷)谱作用下的裂纹扩展计算方法。

应力强度因子的求解在前面的章节已经介绍,本章重点对裂纹扩展寿命的计算方法进行讨论。

8.1　疲劳裂纹扩展速率

一、定义

在交变载荷作用下,裂纹长度 a 随交变载荷循环数 N 的增加而加大,$a - N$ 的变化曲线如图8.1所示。

疲劳裂纹扩展速率 $\mathrm{d}a/\mathrm{d}N$,即交变载荷每循环一次所对应的裂纹扩展量,在疲劳裂纹扩展过程中,$\mathrm{d}a/\mathrm{d}N$ 不断变化,每一瞬时的 $\mathrm{d}a/\mathrm{d}N$ 即为 $a - N$ 曲线在该点的斜率。

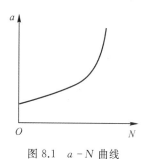

图8.1　$a - N$ 曲线

二、控制 da/dN 的主要参量

da/dN 受裂纹扩展的驱动力和裂纹前缘的交变应力场所控制,具体来说,主要由以下两个参量描述:

1. 裂纹尖端的交变应力强度因子范围 ΔK

$$\Delta K = K_{max} - K_{min}$$

式中:K_{max} —— 交变载荷的最大载荷 P_{max} 作用下在裂纹尖端产生的应力强度因子;

K_{min} —— 交变载荷的最小载荷 P_{min} 作用下在裂纹尖端产生的应力强度因子。

ΔK 是 da/dN 的最重要和最基本的参量。因此,通常 da/dN 均表示为 ΔK 的函数。

2. 交变载荷的载荷比 R

$$R = \frac{P_{min}}{P_{max}} = \frac{\sigma_{min}}{\sigma_{max}} = \frac{K_{min}}{K_{max}}$$

当 $R \geqslant 0$ 时,相同 ΔK 对应的 da/dN 通常随 R 的增大而增加。

当 $R < 0$ 时,交变载荷中含一部分压缩载荷。通常认为压缩载荷部分对裂纹扩展的影响可以略去。可认为相当于 $\Delta K = K_{max}$,$R = 0$。实际上,压缩载荷部分对裂纹扩展有一定的加速作用,有时对这种负载加速作用也要予以考虑。

三、常用的 da/dN 公式

由相同厚度的材料所制成的试验件施加载荷比不变的交变载荷,所测得的 da/dN 随 ΔK 变化的曲线在双对数坐标内呈现如图 8.2 所示的形状。

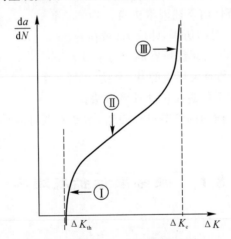

图 8.2 da/dN - ΔK 曲线形状

da/dN - ΔK 曲线分为三个阶段,即低速裂纹稳定扩展阶段 Ⅰ,中速裂纹稳定扩展阶段 Ⅱ 和裂纹快速扩展阶段 Ⅲ。

阶段 Ⅰ 的曲线存在一条垂直渐进线 $\Delta K = \Delta K_{th}$。ΔK_{th} 称为疲劳裂纹扩展门槛值。当 $\Delta K < \Delta K_{th}$ 时,疲劳裂纹扩展停止。阶段 Ⅲ 的曲线也存在一条垂直渐进线 $\Delta K = \Delta K_c$,$\Delta K_c = K_c (1 - R)$,K_c 即为材料的断裂韧度。显然第 Ⅲ 阶段 da/dN 相当大,它在构件疲劳裂纹扩展寿命中所占的比例很小,因此,它对使用寿命的影响很小。建立 da/dN 公式时,应主要考虑正

确描述裂纹扩展的第 Ⅰ,Ⅱ 阶段。

为得到表示 $\mathrm{d}a/\mathrm{d}N$ 随 ΔK 变化规律的公式,自 20 世纪 60 年代以来进行了多种材料的大量试验研究工作,至今已提出了不少 $\mathrm{d}a/\mathrm{d}N$ 的计算公式。现在介绍工程中常用的几个主要的 $\mathrm{d}a/\mathrm{d}N$ 公式。

1. Paris 公式

$$\mathrm{d}a/\mathrm{d}N = C\,(\Delta K)^n \tag{8.1}$$

式中:C,n—— 材料常数,由试验确定。

该公式形式简单,应用广泛。它对第 Ⅱ 阶段适用性较好,但是不能描述应力比 R 对裂纹扩展速率的影响。当使用该公式计算裂纹扩展寿命时,不同的外载应力比对应不同的材料常数。

2. Walker 公式

$$\mathrm{d}a/\mathrm{d}N = \begin{cases} C[(1-R)^{M_1} K_{\max}]^n, & R \geqslant 0 \\ C[(1-R)^{M_2} K_{\max}]^n, & R < 0 \end{cases} \tag{8.2}$$

式中:C,n,M_1,M_2—— 材料常数,由试验确定。

该公式在 Paris 公式的基础上增加了考虑应力比 R 的项,同样它对第 Ⅱ 阶段的适用性较好。

3. Forman 公式

$$\mathrm{d}a/\mathrm{d}N = C\,(\Delta K)^n / [K_c(1-R) - \Delta K] \tag{8.3}$$

式中:C,n—— 材料常数,由试验确定。

该公式不仅考虑了应力比的影响,同时还考虑了 $K_{\max}$ 接近于 K_c 时 $\mathrm{d}a/\mathrm{d}N$ 迅速增大的情况,对第 Ⅱ,Ⅲ 阶段适用性好。

4. NASGRO 裂纹扩展公式

NASGRO 裂纹扩展模型是由美国西南研究院(Southwest Research Institute,SWRI) 和美国航空航天局(National Aeronautics and Space Administration,NASA) 共同开发的疲劳分析软件,其疲劳裂纹控制方程式基于改进的 Forman 模型,考虑了裂纹扩展 3 个阶段和裂纹的闭合效应。其裂纹扩展公式为

$$\mathrm{d}a/\mathrm{d}N = C\left[\left(\frac{1-f}{1-R}\Delta K\right)\right]^n \left(1 - \frac{\Delta K_{\mathrm{th}}}{\Delta K}\right)^p / \left(1 - \frac{K_{\max}}{K_{\mathrm{crit}}}\right)^q \tag{8.4}$$

式中:C,n,p,q—— 试验拟合的常数,其中

$$f = \frac{K_{\mathrm{op}}}{K_{\max}} = \begin{cases} \max\,(R,A_0 + A_1 R + A_2 R^2 + A_3 R^3), & R \geqslant 0 \\ A_0 + A_1 R, & -2 \leqslant R < 0 \\ A_0 - 2A_1, & R < -2 \end{cases} \tag{8.5}$$

$$A_0 = (0.825 - 0.34\alpha + 0.05\alpha^2)\left[\cos\left(\frac{\pi}{2}\frac{S_{\max}}{\sigma_0}\right)\right]^{1/\alpha} \tag{8.6}$$

$$A_1 = (0.415 - 0.071\alpha)S_{\max}/\sigma_0 \tag{8.7}$$

$$A_2 = 1 - A_0 - A_1 - A_3 \tag{8.8}$$

$$A_3 = 2A_0 + A_1 - 1 \tag{8.9}$$

$$\Delta K_{\mathrm{th}} = \Delta K_0 \left(\frac{a}{a+a_0}\right)^{1/2} / \left(\frac{1-f}{(1-A_0)(1-R)}\right)^{(1+C_{\mathrm{th}}R)} \tag{8.10}$$

这里，ΔK_0 为应力比 $R=0$ 时的应力强度因子门槛值，a_0 为内在裂纹长度(0.038 mm)。

$$\frac{K_{crit}}{K_{Ic}} = 1 + B_k e^{-(A_k \frac{t}{t_0})^2}$$ (8.11)

式中：A_k, B_k —— 描述断裂韧性随厚度变化关系的试验拟合参数。

四、影响 da/dN 的主要因素

(一) 与材料有关的影响因素

1. 材料产品的类型

材料产品的类型有板材、挤压件、锻件等。对于相同的材料，若产品类型不同，则 da/dN 会有明显的差别。

2. 热处理工艺

材料成分相同，但热处理工艺不同，会导致材料的微观组织的差别，从而影响材料对裂纹扩展的阻力，造成 da/dN 的不同。

3. 厚度

由相同材料制成的构件，若厚度不同，则在裂纹尖端附近材料处于不同的应力状态。当厚度较小时，接近平面应力状态，材料呈现良好的塑性，对裂纹扩展的阻力相对较大，因而，da/dN 较小；当厚度较大时，接近平面应变状态，材料呈现脆性，对裂纹扩展的阻力相对较小，因而，da/dN 较大；中等厚度则对应着平面应力与平面应变之间不同的混合型应力状态。总之，随着厚度的增加，da/dN 呈增大的趋势。

除了上述 3 个因素外，不同厂家生产的相同牌号的材料，甚至于同一厂家生产的不同批次的材料，其 da/dN 都可能有一定的差别，这主要是由于组成成分的轻微差异以及夹杂物大小和多少的差异造成的。

(二) 与环境有关的因素

1. 腐蚀介质

材料在腐蚀介质中承受交变载荷所产生的裂纹扩展称为腐蚀疲劳裂纹扩展，其 da/dN 受腐蚀介质的影响相当严重。腐蚀疲劳裂纹扩展包含着两部分裂纹扩展机制，一部分是在腐蚀介质中裂纹尖端承受大于应力腐蚀韧度(K_{Iscc}) 的应力强度因子而发生的应力腐蚀裂纹扩展，da/dN 即为在应力腐蚀作用下裂纹长度随时间的扩展速率；另一部分则是交变载荷(应力)所引起的疲劳裂纹扩展。腐蚀疲劳裂纹扩展并不是上述两部分扩展速率的简单叠加，因为应力腐蚀会造成裂纹尖端状态的劣化而加大其疲劳裂纹扩展速率，所以，即使当 $K_I < K_{Iscc}$ 时，疲劳裂纹扩展速率也会高于惰性环境(干燥空气)中的疲劳裂纹扩展速率。腐蚀疲劳裂纹扩展速率还和加载频率、波形与温度等因素有密切关系。

2. 温度

温度对 da/dN 的影响也很重要，这是因为材料的塑性行为与温度密切相关。在较高的温度下，循环塑性变形易于进行，因此 da/dN 将增大；而在低温情况下，循环塑性变形缓慢会导致 da/dN 减小。高温下的疲劳裂纹扩展速率也与加载频率和波形有密切关系。

3. 加载频率与波形

在惰性环境(干燥空气)和室温条件下,在常用的加载频率内,频率对 da/dN 的影响并不显著,通常认为频率在 0.1 ~ 40 Hz 范围内,对 da/dN 的影响可以忽略。而且,在惰性环境与室温下,载荷波形(如正弦波、三角波、方波)对 da/dN 的影响也不明显。加载频率与波形对 da/dN 的影响主要表现在腐蚀环境和(或)高温下的裂纹扩展。在相同的腐蚀介质和(或)高温条件下,频率越低,da/dN 越大,而且变化相当显著。波形的影响也不可忽略,一次循环中较大载荷施加的时间越长,则 da/dN 越大,例如方波对应的 da/dN 会明显大于三角波。

8.2　恒幅交变载荷下的疲劳裂纹扩展寿命

如果构件承受均值和幅值[或最大值与载荷(应力)比]均不变的交变载荷作用,则其疲劳裂纹扩展寿命(循环数)N_c 可根据选定的 da/dN 公式进行积分得到。若将 da/dN 公式的一般形式表示为

$$\mathrm{d}a/\mathrm{d}N = f(\Delta K) \tag{8.12}$$

而构件的应力强度因子公式的一般形式表示为

$$K = XY(a) \tag{8.13}$$

式中:X　——广义力;

$Y(a)$ —— 外形尺寸 a 的函数。

若初始裂纹长度为 a_0,临界裂纹尺寸为 a_c,则有

$$N_c = \int_{a_0}^{a_c} \left[1/f(\Delta K) \right] \mathrm{d}a \tag{8.14}$$

当 da/dN 公式用 Paris 公式表示时,则有

$$N_c = \int_{a_0}^{a_c} Y^{-n}(a) \mathrm{d}a / \left[C \Delta K^n \right] \tag{8.15}$$

一般情况下,N_c 必须用数值积分法计算,只有针对具有穿透裂纹的无限大板承受均匀拉力 σ 的简单情况,方可由式(8.15)简单求出 N_c,此时,$\Delta K = \Delta\sigma (\pi a)^{1/2}$,于是

$$N_c = \int_{a_0}^{a_c} a^{-n/2} \mathrm{d}a / \left[C (\Delta\sigma)^n \pi^{n/2} \right] \tag{8.16}$$

当 $n \neq 2$ 时,有

$$N_c = \frac{a_c^{(-n/2+1)} - a_0^{(-n/2+1)}}{C (\Delta\sigma)^n \pi^{n/2} (1 - n/2)}$$

当 $n = 2$ 时,有

$$N_c = \frac{\ln (a_c/a_0)}{C (\Delta\sigma)^n \pi^{n/2}}$$

当对 N_c 进行数值积分时,将积分限 (a_0, a_c) 分为 m 个区段 $\Delta a_j (j=1,2,\cdots,m)$,则有 $a_j = a_0 + \sum_{k=1}^{j} \Delta a_k$。若 b 的初始长度为 b_0,则有

$$\left. \begin{array}{l} b_1 = b_0 + (\Delta K_{B0}/\Delta K_{A0})^n \Delta a_1 \\ \cdots\cdots \\ b_j = b_{j-1} + \left[\Delta K_{B(j-1)}/\Delta K_{A(j-1)} \right]^n \Delta a_j \end{array} \right\} \tag{8.17}$$

当进行数值积分时,每个区段中的 b/a 值认为不变,其值即为 (b_j/a_j)。

8.3 不考虑载荷顺序效应时的疲劳裂纹扩展寿命计算

实际结构所承受的交变载荷的幅值和均值(最大值和载荷比)均随时间变化。通常将实际载荷-时间历程编排成随时间周期性变化的载荷谱,也就是说,结构在其使用寿命期间内的实际载荷-时间历程被视作若干相同的"谱块"重复使用。

在载荷谱的每个谱块(一个基本周期)内包含着随机排列的载荷循环。严格来说,每一种载荷谱中各次循环之间存在着相互作用,因此载荷顺序的排列影响着载荷谱下的疲劳裂纹扩展寿命,也就是说,必须考虑这种载荷顺序效应。但是,当载荷谱每个谱块中各相邻载荷循环的峰值之间的差率均低于 30% 时,则可不考虑载荷的顺序效应,将每个谱块中的相同载荷循环归并在一起,构成若干级载荷循环组成的"谱块"。

谱块通常可以表示为:每个谱块包含的载荷(应力)级数为 p,任一级载荷(应力)序号为 $i(i=1,2,\cdots,p)$;其最大值为 X_i,载荷比为 R_i,循环数为 n_i。

不考虑载荷顺序效应的疲劳裂纹扩展寿命计算方法如下。

一、裂纹扩展的线性累积损伤理论

现在以采用 Walker 公式计算 da/dN 为例,推导裂纹扩展的线性累积损伤理论表达式。将式(8.13)代入式(8.2),有

$$da/dN = C\left[(1-R)^{m-1}\Delta X Y(a)\right]^n \tag{8.18}$$

令 $q=(m-1)n$,则有

$$da/dN = C(1-R)^q \Delta X^n Y^n(a)$$

$$Y^{-n}(a)\,da = C\left[(1-R)^q \Delta X^n\right]dN$$

将上式积分,得

$$\int_{a0}^{a_c} Y^{-n}(a)\,da = \int_0^{N_c} C(1-R)^q \Delta X^n\,dN \tag{8.19}$$

式中:a_c—— 临界裂纹尺寸,它由谱中最大载荷确定。

对于由 p 级应力构成的谱块重复作用而构成的谱块而言,若载荷循环数由 $0 \to N_c$ 对应的谱块(基本周期)数为 λ_c,则有

$$\int_0^{N_c} C(1-R)^q \Delta X^n\,dN = \lambda_c \sum_{i=1}^{p} C(1-R_i)^q \Delta X_i^n n_i \tag{8.20}$$

将式(8.20)代入式(8.19),并加以整理,可得

$$\lambda_c = \frac{\displaystyle\int_{a0}^{a_c} Y^{-n}(a)\,da}{\displaystyle\sum_{i=1}^{p} C(1-R_i)^q \Delta X_i^n n_i} \tag{8.21}$$

令

$$N_i = \frac{\displaystyle\int_{a0}^{a_c} Y^{-n}(a)\,da}{C(1-R_i)^q \Delta X_i^n} \tag{8.22}$$

N_i 就是在第 i 级载荷恒幅作用下裂纹尺寸从 a_0 扩展到 a_c 所经历的裂纹扩展循环数。于是式 (8.21) 可写成

$$\lambda_c = \cfrac{1}{\displaystyle\sum_{i=1}^{p} \cfrac{n_i}{N_i}} \tag{8.23}$$

式 (8.23) 从形式上与疲劳寿命估算时的线性累积损伤理论相同，故可称为裂纹扩展的线性累积损伤理论。但是由于式 (8.22) 中的积分上限 a_c 是载荷谱中最大载荷对应的临界裂纹尺寸，并非第 i 级载荷最大值 X_i 对应的临界裂纹尺寸，因此 N_i 并不是第 i 级载荷恒幅作用时的疲劳寿命。故所谓的裂纹扩展线性累积损伤理论与 Miner 理论在概念上是有重要区别的。

用裂纹扩展的线性累积损伤理论计算构件的疲劳裂纹扩展寿命的过程如下：

(1) 依据载荷谱中的最大峰值载荷计算构件的临界裂纹尺寸 a_c。

(2) 采用 8.2 节的方法计算各级载荷 (X_i, R_i) 下裂纹从 a_0 扩展到 a_c 对应的裂纹扩展循环数 N_i。

(3) 依据式 (8.23) 计算构件的疲劳裂纹扩展寿命 (基本周期数)，再由每个基本周期对应的使用时间小时数换算出疲劳裂纹扩展寿命 (单位：h)。

二、等效恒幅应力法

等效恒幅应力法是一种等效恒幅应力的时间历程代替载荷谱对应的应力-时间历程，是计算构件的疲劳裂纹扩展寿命的方法。其关键问题是如何寻求等效恒幅应力 $(\Delta X_q, R_{eq})$，使得在等效恒幅应力作用下构件的疲劳裂纹扩展寿命等于所代替的载荷谱作用下构件的疲劳裂纹扩展寿命。

由式 (8.21)，载荷谱下的疲劳裂纹扩展循环数为

$$N_c = \lambda_c \sum_{i=1}^{p} n_i = \sum_{i=1}^{p} n_i \cfrac{\displaystyle\int_{a0}^{a_c} Y^{-n}(a)\, \mathrm{d}a}{\displaystyle\sum_{i=1}^{p} C\,(1-R_i)^q \Delta X_i^n n_i} \tag{8.24}$$

而等效恒幅应力下裂纹长度由 $a_0 \rightarrow a_c$ 对应的疲劳裂纹扩展寿命为

$$N_c^* = \cfrac{\displaystyle\int_{a0}^{a_c} Y^{-n}(a)\, \mathrm{d}a}{C\,(1-R_{eq})^q \Delta X_{eq}^n} \tag{8.25}$$

由 $N_c^* = N_c$，比较式 (8.24) 和式 (8.25)，可得

$$(1-R_{eq})^q \Delta X_{eq}^n = \cfrac{\displaystyle\sum_{i=1}^{p} (1-R_i)^q \Delta X_i^n n_i}{\displaystyle\sum_{i=1}^{p} n_i} \tag{8.26}$$

取 R_{eq} 为载荷谱各级载荷中对裂纹扩展作用最大的一级载荷的 R 值，或作用最大的几级载荷 R 的平均值。与此同时，略去载荷谱中各级载荷 R 不同的影响，近似认为各级载荷 R 值均等于 R_{eq}，即有 $R_i = R_{eq}$，则式 (8.26) 简化为

$$\Delta X_{eq}^n = \cfrac{\displaystyle\sum_{i=1}^{p} \Delta X_i^n n_i}{\displaystyle\sum_{i=1}^{p} n_i} \tag{8.27}$$

于是

$$\Delta X_{\mathrm{eq}} = \left[\frac{\sum\limits_{i=1}^{p} \Delta X_i^n n_i}{\sum\limits_{i=1}^{p} n_i} \right]^{1/n} \tag{8.28}$$

式中：n——Walker 公式中的指数。

如果取 $n = 2$，则式(8.28)变为

$$\Delta X_{\mathrm{eq}} = \Delta X_{\mathrm{rms}} = \left[\frac{\sum\limits_{i=1}^{p} \Delta X_i^n n_i}{\sum\limits_{i=1}^{p} n_i} \right]^{1/2} \tag{8.29}$$

即等效恒幅应力范围取为应力谱中所有应力范围的均方根，这就是 Barsom 等人所提出的均方根模型。

8.4　高载迟滞模型

一、高载迟滞现象

（1）在恒幅交变载荷作用下，裂纹扩展的 $a-N$ 曲线如图8.3中曲线 Ⅰ 所示，a 和 $\mathrm{d}a/\mathrm{d}N$ 均是随 N 单调增加的函数。但是，如果在恒幅载荷中出现一次高载，则在高载消除后一段时间内，裂纹扩展大大减慢，$\mathrm{d}a/\mathrm{d}N$ 减小，其 $a-N$ 曲线如图8.3中曲线 Ⅱ 所示。这种由于高载作用而使裂纹扩展减慢甚至停滞的现象叫作高载迟滞现象。由高载作用至恢复恒幅载荷所对应的 $\mathrm{d}a/\mathrm{d}N$ 所经历的时间为高载迟滞现象作用的区间，称之为过载迟滞周期，用 $T_{\mathrm{D}}(N_{\mathrm{D}})$ 表示。如果有多次高载作用，则每次高载均产生迟滞现象，其 $a-N$ 曲线如图8.3中曲线 Ⅲ 所示。

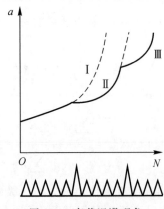

图 8.3　高载迟滞现象

（2）由于载荷谱中存在着多次相邻载荷峰值下降，所以会发生多次高载迟滞现象，从而使裂纹扩展缓慢，疲劳裂纹扩展寿命提高。如果不考虑由载荷次序对应的高载迟滞现象对裂纹扩展寿命的影响，会使疲劳裂纹扩展寿命的计算结果过于保守。特别是当载荷谱中相邻载荷峰值下降率超过 30% 的情况频繁发生时，更须在计算疲劳裂纹扩展寿命时考虑高载迟滞

现象。

（3）进一步观察高载迟滞现象,发现有两种不同形式。一种是立即迟滞型,即由高载降至低载时,da/dN 立即降至最小值,然后逐渐增大,直到恢复正常水平,如图 8.3 所示。另一种是延迟迟滞型,即高载施加后,da/dN 虽然下降,但不立即降至最小值,而是经过一段时间,裂纹扩展一段距离后,da/dN 才达到最小值,而后再逐渐恢复到正常水平,如图 8.4 所示。

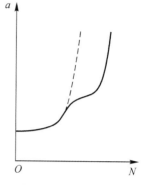

图 8.4　延迟迟滞现象

（4）关于高载迟滞现象的机理,目前主要从裂纹前缘塑性区在交变载荷下产生的残余压应力、裂纹的闭合效应和裂纹尖端钝化三个方面加以解释,并据此提出了多种在计算疲劳裂纹扩展寿命时考虑高载迟滞影响的模型(高载迟滞模型),下面介绍其中应用较多的几种模型。

二、Wheeler 模型

Wheeler 认为,裂纹尖端前缘的塑性区在交变载荷作用下所产生的残余应力反映着抵抗疲劳裂纹扩展寿命的阻力。当恒载交变载荷作用过程中出现高载时,裂纹前缘塑性区突然增大,卸载时残余压应力大小和范围增大,使阻力增加,从而产生迟滞现象。根据这种思想所建立的 Wheeler 高载迟滞模型以裂纹前缘塑性区的宽度作为表示高载迟滞强弱的依据。如图 8.5 所示,当 $a=a_0$ 时作用过载 X_2,产生塑性区 R_{Y2},出现高载迟滞。裂纹在塑性区 R_{Y2} 内缓慢扩展,裂纹前缘的塑性区宽度不断减小。当裂纹扩展到 $a=a_p-R_{Y1}=a_0+R_{Y2}-R_{Y1}$ 时,高载迟滞现象消失,R_{Y1} 为恒幅交变载荷在裂纹前缘产生的塑性区宽度。a 由 a_0 扩展到 a_p-R_{Y1} 所经历的循环数就是当 $a=a_0$ 时作用高载 X_2 所对应的迟滞周期 N_D。

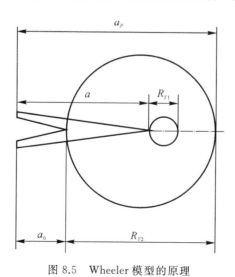

图 8.5　Wheeler 模型的原理

Wheeler 模型的计算方法是在迟滞周期内将 da/dN 表达式写为

$$\left(\frac{\mathrm{d}a}{\mathrm{d}N}\right)_{迟} = C_\mathrm{p}\left(\frac{\mathrm{d}a}{\mathrm{d}N}\right)_{恒} \tag{8.30}$$

式中：$\left(\dfrac{\mathrm{d}a}{\mathrm{d}N}\right)_{恒}$ —— 恒幅交变载荷 ΔX_1 所对应的裂纹扩展速率；

C_p —— 迟滞系数，由下式确定：

$$\left.\begin{aligned} C_\mathrm{p} &= \left(\frac{R_{Y1}}{a_\mathrm{p}-a}\right)^m = \left(\frac{R_{Y1}}{a_0+R_{Y2}-a}\right)^m, & a+R_{Y1}<a_\mathrm{p} \\ C_\mathrm{p} &= 1, & a+R_{Y1}\geqslant a_\mathrm{p} \end{aligned}\right\} \tag{8.31}$$

式中：m —— 迟滞指数，由试验确定。

确定 m 的试验通常要采用模拟构件危险部位裂纹形态的试件施加相当于构件危险部位应力谱测得 a-N 曲线，然后选用不同的 m，按照 Wheeler 模型计算几条 a-N 曲线，取计算曲线与试验曲线接近时所对应的 m 值作为计算构件寿命所采用的迟滞指数。

由于 Wheeler 模型必须用结构的真实载荷谱进行试验来确定 m 值，所以应用起来试验工作量较大，但是，因为它能较好地预测疲劳裂纹扩展寿命，所以得到了一定的应用。作为力学模型，它存在着明显的缺点，由于 C_p 恒大于零，所以无法反映高载后可能发生的裂纹停滞现象。

三、Willenborg/Chang 模型

Willenborg/Chang 模型是一种残余应力模型（见图 8.6）。此模型是在线弹性断裂力学范围内，以等幅载荷下裂纹扩展的 Walker 公式为基础的，同时考虑了高载引起的迟滞效应、负载产生的加速效应及载荷间的交互影响。

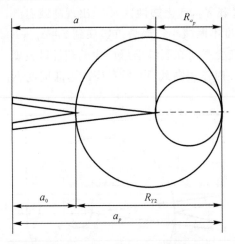

图 8.6　Willenborg/Chang 模型原理

Willenborg/Chang 模型的公式为

$$\frac{\mathrm{d}a}{\mathrm{d}N} = \begin{cases} C\left[(1-R_{\mathrm{eff}})^q K_{\max,\mathrm{eff}}\right]^p, & R_{\mathrm{eff}}>0 \\ C\left[K_{\max,\mathrm{eff}}\right]^p, & R_{\mathrm{eff}}=0 \\ C\left[(1-R_{\mathrm{eff}})^t K_{\max,\mathrm{eff}}\right]^p, & R_{\mathrm{eff}}<0 \end{cases} \tag{8.32}$$

式中：C,p,q,t —— Walker 公式中的材料常数，可利用等幅载荷下疲劳裂纹扩展的 $\left(\dfrac{\mathrm{d}a}{\mathrm{d}N},\Delta K\right)$ 试验数据拟合得出。

当裂纹长度为 a 时,施加一高过载,其应力强度因子为 K_{OL},产生的塑性区尺寸为 Z_{OL}。此后,若所施加载荷产生的塑性区尺寸超出 Z_{OL} 的界限时,裂纹扩展不发生迟滞。于是有

$$\left.\begin{array}{l} K_{max,\,eff} = K_{max} \\ K_{min,\,eff} = K_{min} \end{array}\right\} \tag{8.33}$$

而当所施加载荷产生的塑性区尺寸未超出 Z_{OL} 的界限时,裂纹扩展发生迟滞现象,于是有

$$\left.\begin{array}{l} K_{max,\,eff} = K_{max} - \Phi \left[K_{OL} \left(1 - \dfrac{\Delta a}{Z_{OL}} \right)^{\frac{1}{2}} - K_{max} \right] \\[4mm] K_{min,\,eff} = K_{min} - \Phi \left[K_{OL} \left(1 - \dfrac{\Delta a}{Z_{OL}} \right)^{\frac{1}{2}} - K_{max} \right] \end{array}\right\} \tag{8.34}$$

式中:

$$\Phi = \left(1 - \frac{K_{th,max}}{K_{max}} \right) / (\gamma_{so} - 1)$$

式中:γ_{so} —— 超载截止比,是材料常数;

$K_{th,max}$ —— 与应力比(或 R_{eff})相对应的疲劳裂纹扩展门槛值,且满足

$$K_{th,max} = \Delta K_{th} / (1 - R)$$
$$\Delta K_{th} = \Delta K_{th,0} (1 - R)$$

式中:$\Delta K_{th,0}$ —— 与 $R = 0$ 对应;

Δa —— 施加高过载之后,疲劳加载时的裂纹扩展量。

塑性区尺寸

$$\left.\begin{array}{l} Z = \dfrac{1}{\alpha\pi} \left(\dfrac{K_{max}}{\sigma_{ys}} \right)^2 \\[4mm] Z_{OL} = \dfrac{1}{\alpha\pi} \left(\dfrac{K_{OL}}{\sigma_{ys}} \right)^2 \end{array}\right\} \tag{8.35}$$

式中:

$$\alpha = \begin{cases} 2 & \text{(平面应力状态)} \\ 6 & \text{(平面应变状态)} \end{cases}$$

而

$$\left.\begin{array}{l} R_{eff} = K_{min,\,eff} / K_{max,\,eff} \\ \Delta K_{eff} = K_{max,\,eff} - K_{min,\,eff} \end{array}\right\} \tag{8.36}$$

式中:R_{eff} —— 有效应力比。

另外,还认为高过载后的负过载对高过载迟滞有减弱作用,并表现为高过载塑性区尺寸 Z_{OL} 减小为有效的高过载塑性区尺寸 $Z_{OL,eff}$,且有

$$Z_{OL,eff} = (1 + \lambda R_{eff} Z_{OL}) \tag{8.37}$$

$$\lambda = \begin{cases} 0, & R_{eff} \geqslant 0 \\ 0 \sim 1.0, & R_{eff} < 0 \end{cases}$$

式中:λ —— 材料常数。

根据计算和试验结果,笔者认为对铝合金取 $\lambda = 0.1 \sim 0.3$,对合金钢可取 $\lambda = 0.1 \sim 0.5$。

四、Elber 闭合模型

闭合模型是用裂纹闭合效应的概念表示过载迟滞效应所建立起来的高载迟滞模型。

(一) 裂纹闭合效应

Elber在1971年提出"裂纹闭合效应"的概念。他从试验观察中发现,在零-拉伸交变应力作用下,第一次循环之后,加载时只有当应力达到一定数值时裂纹才会完全张开,而卸载时应力达到一定数值时裂纹尖端就会闭合。这种在完全卸载之前,即在某个大于零的拉伸载荷下,疲劳裂纹上、下表面相接触的现象,称为裂纹闭合。产生这种裂纹闭合效应的原理可以由图8.7及图8.8说明:当第一次加载至最大应力时,在裂纹尖端产生塑性区,卸载后由于弹性区变形的恢复,强迫塑性区内材料由已产生的塑性应变恢复到应变为零,必定在塑性区范围内产生压应力,如图8.7(a)(b)所示。这种压应力的作用使以后加载时,只有在应力达到一定水平抵消了压应力后,裂纹尖端才可能张开,这个应力水平称为张开应力 σ_{op}。而卸载时,应力达到一定水平时,裂纹尖端就开始出现压应力而使裂纹尖端闭合,这个应力水平称为闭合应力 σ_{cl},可以认为 $\sigma_{op} = \sigma_{cl}$。图8.8给出了第一次循环后加载时应力与裂纹尖端附近处裂纹面相对位移的关系曲线,AB 段对应裂纹完全闭合,CD 段对应裂纹完全张开,而 BC 段相当于裂纹从全闭合到全张开的过渡过程,C 点应力对应着张开应力 σ_{op}。

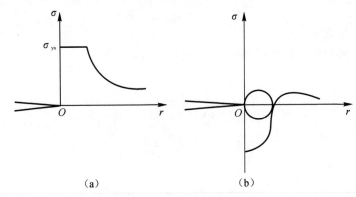

(a)   (b)

图 8.7   裂纹闭合原理

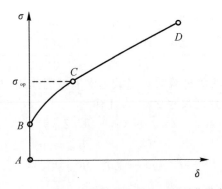

图 8.8   应力-裂纹尖端附近处裂纹面相对位移曲线

(二)Elber闭合模型

Elber认为,只有超过闭合应力的交变应力部分才会引起裂纹扩展,从而引入了有效应力

范围 $\Delta\sigma_{\text{eff}}$，用 $\Delta\sigma_{\text{eff}}$ 产生的有效应力强度因子范围 $\Delta\sigma_{\text{eff}}$ 来建立裂纹扩展速率公式，即有

$$\frac{\mathrm{d}a}{\mathrm{d}N} = C(\Delta K_{\text{eff}})^n = C(U\Delta K)^n \tag{8.38}$$

式中

$$U = \frac{\Delta K_{\text{eff}}}{\Delta K} = \frac{K_{\max} - K_{\text{op}}}{K_{\max} - K_{\min}} \tag{8.39}$$

式中：K_{op}——σ_{op} 对应的 K 值。

等幅交变应力亦对应闭合应力，从而有对应的 U 值，其大小与应力比有关，Elber 依据 2024 - T3 等幅加载试验结果给出了 U 与 R 的线性关系如下：

$$U = 0.5 + 0.4R, \qquad -0.1 \leqslant R \leqslant 0.7 \tag{8.40}$$

通常手册中查出的等幅应力的 $\mathrm{d}a/\mathrm{d}N$ 公式表示为

$$\mathrm{d}a/\mathrm{d}N = C_1(\Delta K)^n \tag{8.41}$$

由试验应力比 R 对应的 U 值可得式(8.38)中的 C 值

$$C = C_1/U^n \tag{8.42}$$

在高载 σ_2 作用下产生一个大塑性区，对应着远大于等幅应力的闭合应力 $(\sigma_{\text{op}})_2$ 高载后等幅应力的 $(\Delta K_{\text{eff}})_2 = K_{\max} - (K_{\text{op}})_2$ 将大为减小，于是裂纹扩展速率减小，产生高载迟滞效应，高载后的 $\mathrm{d}a/\mathrm{d}N$ 则为

$$\mathrm{d}a/\mathrm{d}N = C(\Delta K_{\text{eff}})^n \tag{8.43}$$

五、等损伤寿命模型

等损伤寿命模型以闭合机理为基础，裂纹扩展量不仅与当前循环载荷特性有关，也受过去的循环载荷的影响，其中主要是较高峰值载荷造成的超载迟滞和最低谷值载荷抵消迟滞的作用(见图 8.9)。

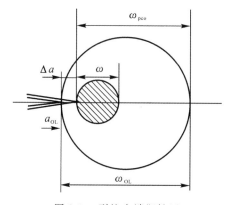

图 8.9　裂纹尖端塑性区

等损伤寿命模型的裂纹扩展率公式为

$$\frac{\mathrm{d}a}{\mathrm{d}N} = C(\Omega Z K_{\max})^n \tag{8.44}$$

式中：Ω —— 迟滞系数，且 $\Omega = \dfrac{\gamma_{SR} - \gamma}{\gamma_{SR} - 1}$；

γ —— 超载应力比，且 $\gamma = K_{pco}/K_{max}$，γ 的上限表示由于超载使裂纹停止扩展，称为超载截止比，$\gamma > 2.5 \sim 3$，不扩展；

Z —— 塑性区尺寸。

当 $R = 0$ 时的超载截止比以 γ_{so} 表示，并作为材料常数，用等幅单超载试验测定。任意 R 下的超载截止比用 γ_{SR} 表示，可由下列公式获得

$$\gamma_{SR} = \gamma_{so} \sqrt{\frac{4 - k}{4 - k (1 - R_{co})^2}}, \quad k = \frac{4(\gamma_{so}^2 - 1)}{4\gamma_{so}^2 - 1} \tag{8.45}$$

式中：

$$R_{co} = \frac{K_{vco}}{K_{pco}}$$

$$K_{pco} = K_{max}^{OL} \left(1 - \frac{\Delta a}{\omega_{OL}}\right)^{1/2}$$

$$\omega_{OL} = \frac{1}{\pi} \left(\frac{K_{max}^{OL}}{\sigma_{ys}}\right)^2$$

$$K_{vco} = K_{min}$$

式中：K_{pco} —— 峰控应力强度因子；

ω_{OL} —— 峰值超载造成的平面应力塑性区（见图 8.9）；

K_{vco} —— 谷控应力强度因子，它是瞬态峰控下的最低谷值。

六、NASGRO 闭合模型

8.1 节中描述的 NASGRO 裂纹扩展公式中的 f 考虑了裂纹扩张过程中的裂纹闭合问题。其理论认为裂纹扩展的等效应力强度因子为

$$当 K_{op} > K_{min} 时，\Delta K_{eff} = K_{max} - K_{op} \tag{8.46}$$

$$当 K_{op} \leqslant K_{min} 时，\Delta K_{eff} = K_{max} - K_{min} \tag{8.47}$$

其中，K_{op} 为裂纹张开应力强度因子，由此 NASA 研究后，总结得出如下的修正因子 f，具体应用参阅 8.1 节中的裂纹扩展公式描述。

$$f = \frac{K_{op}}{K_{max}} = \begin{cases} \max(R, A_0 + A_1 R + A_2 R^2 + A_3 R^3), & R \geqslant 0 \\ A_0 + A_1 R, & -2 \leqslant R < 0 \\ A_0 - 2A_1, & R < -2 \end{cases} \tag{8.48}$$

8.5　计算疲劳裂纹扩展寿命的损伤累积方法

一、循环接循环损伤累积方法

以裂纹长度作为损伤的度量，初始损伤用初始裂纹长度 a_0 表示，断裂时的临界损伤用临界裂纹长度 a_c 表示，而每次载荷循环产生的损伤增量则用该次循环载荷（第 i 次）产生的裂纹扩展增量 Δa_i 表示。因此，损伤累积公式可写成

$$a_c = a_0 + \sum_{i=1}^{N_c} \Delta a_i \tag{8.49}$$

而 Δa_i 即为第 i 次循环载荷的 $(da/dN)_i$，于是

$$a_c = a_0 + \sum_{i=1}^{N_c} \Delta (da/dN)_i \tag{8.50}$$

按照循环接循环的损伤累积方法计算疲劳裂纹扩展寿命的过程就是以 a_0 为起点，逐次计算载荷-时间历程中每次载荷循环的 $\dfrac{da}{dN}$，不断叠加于裂纹长度之上，当裂纹长度 a 达到 a_c 时所经历的载荷循环数就是疲劳裂纹扩展寿命 N_c，将 N_c 除以使用寿命每小时对应的循环数，即可得疲劳裂纹扩展寿命。在计算 $\left(\dfrac{da}{dN}\right)_i$ 时可采用各种高载迟滞模型。

二、谱块裂纹增量法

这是一种将"循环接循环损伤累积法"和前述的"等效恒幅应力法"相结合的方法。它适用于短周期载荷谱的情况，也就是说，此时整个疲劳裂纹扩展寿命包含的谱块数量要相当多。该方法的基本步骤如下：

（1）选取若干个不同的初始裂纹尺寸 $(a_0)_i$，利用上述"循环接循环损伤累积法"计算出一个块谱对应的裂纹扩展量 Δa_i。

（2）若每个块谱代表 ΔT 个使用小时，则每小时的裂纹扩展速率为

$$\left(\frac{da}{dt}\right)_i = \Delta a_i / \Delta T \tag{8.51}$$

（3）用等效恒幅应力法计算载荷块谱的等效应力范围 $\overline{\Delta X}$，并由 $\overline{\Delta X}$ 和 $(a_0)_i$，计算出名义应力强度因子范围 $(\overline{\Delta K_i})$。

（4）假定 $\dfrac{da}{dt} - \Delta K$ 曲线由如下表达式描述，即

$$\frac{da}{dt} = Q (\Delta K)^p$$

由 $\left[\left(\dfrac{da}{dt}\right)_i, (\overline{\Delta K})_i\right](i = 1,2,\cdots,m)$ 数据拟合出上式的参数 Q, p 值。

（5）参照恒幅交变载荷下疲劳裂纹扩展寿命的计算方法对式（8.51）进行积分，即可得到载荷谱下疲劳裂纹扩展寿命（小时数）。

第 9 章　　结构的剩余强度分析

9.1　　剩余强度基本概念

带损伤结构的实际承载能力 σ_c 称为剩余强度,指开裂结构的承载能力。

剩余强度有下述两方面的问题需要解决。

(1)合理规定剩余强度载荷要求,以保证飞机在正常服役或特殊情况下的安全要求。

(2)确定剩余强度分析方法,包括断裂准则、应力强度因子、材料断裂性能等的确定。

剩余强度载荷要求指在规定的最小未修使用周期内,由于损伤的存在,飞机必须承受的不危及飞行安全或不降低飞机性能的最小内部结构载荷。

一般含裂纹结构的剩余强度可以描述为

$$\sigma_c = \frac{K_{\mathrm{I}c}}{\sqrt{\pi a}\, F} \tag{9.1}$$

式中:σ_c　——剩余强度;

　　$K_{\mathrm{I}c}$——材料的平面应变断裂韧性;

　　a　　——裂纹长度;

　　F　　——结构构型因子,即通常称为无量纲应力强度因子。

由此,剩余强度的变化曲线如图 9.1 所示。

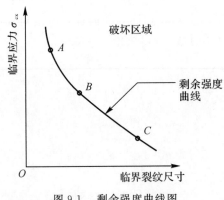

图 9.1　剩余强度曲线图

9.2　断　裂　判　据

未开裂结构的剩余强度就是材料的极限强度,而结构中的裂纹造成的应力集中会降低结构的剩余强度。当结构载荷超出某一极限时裂纹会扩展,裂纹的扩展立即变得不稳定,并以高速的、不可控制的方式造成构件的完全破坏。因此,需要合理的断裂判据来判断裂纹的不稳定扩展点及材料抵抗破坏的能力。

一、断裂韧性判据

裂纹尖端附近弹性场的常参量 —— 应力强度因子 K 表示了在外载作用下的含裂弹性构件裂纹尖端的力学性状。它把影响裂纹尖端性状的各种因素综合为裂尖应力-应变场的强度,集中地表现出来。这实际上是以数值表示了不同裂纹尖端趋向开裂的严重程度。因此,这一参量可以决定构件是否由裂纹处发生断裂破坏。实践也证明,它是一个比较好的断裂判据。

由 K 的各种表达式可以看出,在构件、裂纹、加载方式等确定之后,K 值将随着外力的增大而增大。K 值增大到一定程度时必然会导致构件的断裂破坏。试验表明,对同一材料的不同构件,若以同一种开裂形式加载,且处于同一种应力状态下,那么它们断裂时的 K 值是相同的。这一 K 值自然是一种临界值。把 Ⅰ 型裂纹处于平面应变状态下的这一临界值以 K_{Ic} 表示,平面应力状态下以 K_c 表示,把裂纹发生断裂破坏时的快速扩展现象称为失稳扩展,那么 K 准则可以作如下叙述:当裂纹尖端应力强度因子 K 达到某一临界值 K_{Ic} 或 K_c 时,裂纹发生失稳扩展。

临界值 K_{Ic} 或 K_c 称为材料的断裂韧度。它表征了材料阻止裂纹失稳扩展的能力,是材料的一种机械性能参量,或称为材料的一种韧性指标。K_{Ic} 或 K_c 与 K_I 的关系相当于材料强度极限 σ_b、屈服极限 σ_s 与应力 σ 之间的关系。因此影响断裂韧度的主要因素如下:

(1) 环境条件(高温、低温、介质等);

(2) 尺寸效应(材料厚度、宽度等);

(3) 纤维方向(裂纹面取向,纵向、横向和侧向等);

(4) 加工过程(锻件、铸件、挤压件、预拉伸等);

(5) 热处理状态。

断裂韧性随厚度而变化的曲线如图 9.2 所示。

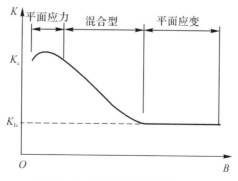

图 9.2　断裂韧性与厚度的关系图

当裂纹体的厚度超过一定值而使裂纹前缘处于平面应变状态时,断裂韧性达到其最低值 —— 平面应变断裂韧性。

断裂力学承认材料或构件中不可避免地存在裂纹或裂纹状的缺陷,K 准则就是基于这一假设的一种强度理论。用这种强度理论所确定的构件极限应力一般小于 σ_s 或 σ_b。这一极限应力称为剩余强度,以 σ_c 表示。利用 K 准则可以得到裂纹发生失稳扩展时的剩余强度 σ_c 和临界裂纹 a_c。以受拉力作用的中心裂纹板为例,有

$$\left.\begin{aligned}\sigma_c &= \frac{K_{Ic}}{\sqrt{\pi a}\,F} \\ a_c &= \frac{K^2}{\pi\sigma^2 F^2}\end{aligned}\right\} \tag{9.2}$$

在式(9.2)的强度计算中还要考虑安全系数 f 及许用应力强度因子 $[K]$,有

$$[K] = \frac{K_{Ic}}{f} \tag{9.3}$$

此处的安全系数 f 是损伤容限设计手册中按断裂力学设计思想给出的。依此,剩余强度计算内容最终表示为

$$\left.\begin{aligned}\sigma_{设计} &= \frac{[K]}{\sqrt{\pi a_0}\,F} \\ a_{允许} &= \frac{[K]^2}{\pi\sigma_{工作}^2 F^2}\end{aligned}\right\} \tag{9.4}$$

这表明,可以根据许用应力强度因子 $[K]$ 和可能的裂纹初始长度 a_0 计算出设计应力,或根据许用值 $[K]$ 和实际需要的工作应力计算出裂纹的最大允许值。

由于宽度修正系数 F 一般为裂纹与构件宽度之比的函数,所以在必须考虑宽度修正的强度计算中,需要采用迭代的计算方法或根据损伤容限设计手册中提供的工程设计剩余强度曲线或曲线方程进行确定。

工程中常用表观断裂韧度 K_{APP} 代替许用应力强度因子 $[K]$ 进行分析。

二、净截面屈服准则

对于高韧性材料,构件上的应力会高到使整个净截面在断裂发生前先产生屈服,最后导致构件破坏。对于这种净截面屈服破坏,工程上可以直接用截面上的净应力 σ_j 与材料屈服强度 σ_s 的关系建立它的破坏判据,即:

(1)当裂纹长度给定时,有

$$\sigma_j \geqslant \sigma_s$$

(2)当外载荷给定时,若裂纹长度 a 达到或超过净截面屈服时的临界裂纹长度 a_{jq},构件被破坏,即

$$a \geqslant a_{jq}$$

三、弹塑性断裂

在线弹性断裂和净截面屈服之间还存在另一种断裂形式:虽然净截面屈服还未发生,但裂纹尖端塑性区已大到不能忽略。这种情况属于弹塑性断裂问题。为了简化分析,工程上采用

一些近似方法,切线法就是其中一种。

剩余强度曲线如图 9.3 所示。图中,从纵坐标轴上的 $A(0,\sigma_s)$ 点向理想弹性断裂曲线作切线,便得到弹塑性断裂线。切点处对应的应力 σ_1 和裂纹长度 $2a_1$ 为

$$
\left.\begin{array}{l}
\sigma_1 = \dfrac{2}{3}\sigma_s \\[3mm]
2a_1 = \dfrac{9}{2\pi}\left(\dfrac{K_c}{\sigma_s}\right)^2 \\[3mm]
2a_{ts} = 13.5a_{tx}\left(1 - \dfrac{\sigma}{\sigma_s}\right)\left(\dfrac{\sigma}{\sigma_s}\right)^2
\end{array}\right\}
\tag{9.5}
$$

式中:σ_s —— 材料的拉伸屈服强度;

　　　σ —— σ_s 与 σ_1 之间的任一应力值;

　　　a_{tx} —— 在 σ 作用下按线弹性脆性断裂剩余强度条件计算所得到的临界裂纹长度;

　　　a_{ts} —— 在 σ 作用下按切线法计算得到的临界裂纹长度。

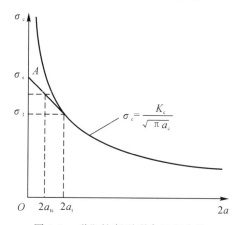

图 9.3　弹塑性断裂剩余强度曲线

可以将按线弹性脆性断裂的剩余强度曲线、净截面屈服的塑性断裂线以及按切线近似的弹塑性断裂线重叠在一起,得到如图 9.4 所示的不同情况下的剩余强度曲线。

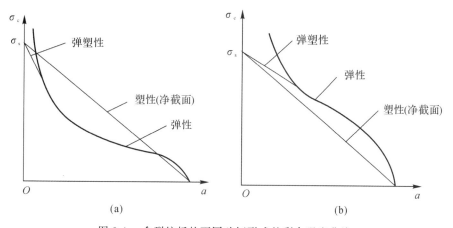

图 9.4　含裂纹板的不同破坏形式的剩余强度曲线

(a) 情况一:弹性脆断曲线是决定性的;　(b) 情况二:净截面屈服曲线是决定性的

图 9.4 中的(a)(b)为不同情况的剩余强度曲线示意图,一般剩余强度分析计算中,以对应的小的值为剩余强度的许用值。

四、三维裂纹的断裂

表面裂纹、角裂纹、孔边角裂纹、深埋裂纹等非穿透厚度的裂纹属于三维裂纹问题。

三维裂纹在裂纹前缘的不同点上的应力强度因子是不同的。工程上常采用以下应力强度因子值作为构件的断裂判据。

1. 采用最大应力强度因子 K_{max}

当 $K_{max} \geqslant K_{Ic}$ 时,构件断裂。这是一种保守的做法。

2. 采用沿裂纹前缘 45° 方向处的应力强度因子 $K_{45°}$

当 $K_{45°} \geqslant K_{Ic}$ 时,构件断裂。

3. 采用平均应力强度因子

当 $\overline{K} \geqslant K_{Ic}$ 时,构件断裂。其中

$$\overline{K} = \frac{K_{max} + K_{min}}{2}$$

以上判据中均采用材料的平面应变断裂韧度 K_{Ic},而不用平面应力断裂韧度 K_c。这是因为对于非穿透厚度的裂纹,即使板的厚度比较薄,但裂纹尖端仍受到周围材料的很大约束。通常,假设三维裂纹都是平面应变问题。

第 10 章 　断裂力学试验

10.1 　平面应变断裂韧度 K_{Ic} 的测定

线弹性断裂力学指出,带裂纹体尖端附近的弹性应力场强度可用应力强度因子 K(单位:$\mathrm{MPa}\sqrt{\mathrm{m}}$) 来度量。对 Ⅰ 型(张开型) 裂纹的断裂准则为:当应力强度因子 K_1 达到临界值 K_c 时,裂纹即失稳扩展而导致断裂。K_c 可由带裂纹的试件测得,它代表材料抵抗裂纹失稳扩展的能力,称为"断裂韧度"。试验表明,材料的断裂韧度 K_c 随试件厚度 B 变化,如图 10.1 所示。在试件厚度达到某一定值 B_0 后,断裂韧度不再随厚度变化,此时认为裂纹尖端附近的材料处于平面应变状态,其对应的断裂韧度值称为"平面应变断裂韧度",用符号 K_{Ic} 表示。显然,K_{Ic} 为一材料常数。

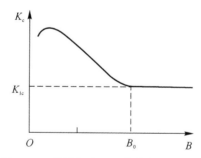

图 10.1 　断裂韧度 K_c 随厚度 B 的变化

为了测定 K_{Ic} 值,需要对带有裂纹的试验件进行拉伸或弯曲试验,使裂纹产生 Ⅰ 型扩展。而 K_{Ic} 就是裂纹开始失稳扩展的临界点处所对应的应力强度因子值。

采用适当的含裂纹试验件,在试验机上加载,其应力强度因子值 K_1 可概括为如下形式:

$$K_1 = PF(a) \tag{10.1}$$

式中: 　　P —— 所加载荷;

　　　　a —— 裂纹长度;

　　$F(a)$ —— 与试件形状、外形尺寸、加载形式有关的 a 的函数。

根据式(10.1),应有

$$K_{Ic} = P_c F(a_c) \tag{10.2}$$

式中:P_c —— 临界载荷;

　　a_c —— 临界裂纹长度。

显然,只要从试验中测定 P_c 和 a_c,即可得到 K_{Ic}。

在理想平面应变条件下,裂纹前缘处的材料处于三向拉伸应力状态,呈现良好的脆性。这时,只要裂纹一开始扩展,就会导致失稳断裂,也就是说,开裂点即为失稳点,临界裂纹长度 a_c 就等于初始裂纹长度 a,即 $a_c = a$。但是对于 $B \geqslant B_0$ 所对应的工程平面应变条件而言,由于试件侧表面附近平面应力状态的影响,裂纹开始扩展后经过一个较短的稳定扩展阶段才失稳断裂,开裂点并非失稳点。为消除侧表面附近平面应力状态所造成的塑性影响,以准确测得材料常数 K_{Ic},应取开裂点作为临界点。但是,精确地测定开裂点是困难的。因此,在 K_{Ic} 试验方法中,对于明显的存在裂纹失稳扩展阶段的情况,取裂纹等效扩展 2% 所对应的点(条件开裂点)作为临界点来确定 P_c,而 a_c 则近似地采用初始裂纹长度 a。

鉴于以上分析,式(10.2)中的 a_c 即为试件的初始裂纹长度 a,它可从断开后的试件断口上量出,而 P_c 则由下述方法确定:在试验中自动记录载荷 P 随试件切口边缘(裂纹嘴)处两个裂纹表面的相对位移 V 的变化曲线,即 $P - V$ 曲线(见图 10.2),以对初始线性段斜率下降 5% 的割线与 $P - V$ 曲线交点处所对应的载荷 P_5 作为取得 P_c 的依据。如果在载荷达到 P_5 前曲线各点载荷均小于 P_5,则取 $P_c = P_5$。可以证明,这样的临界载荷大致对应于裂纹产生 2% 的等效扩展,这种情况对应着试件侧表面附近的平面应力状态存在显著影响。如果载荷达到 P_5 前曲线各点对应载荷的最大值大于或等于 P_5,则取这个载荷最大值作为 P_c,这种情况接近于理想平面应变状态(图 10.2 中的 P_Q 就对应着上述的 P_c)。

还要说明的是,由于平面应变状态下裂纹前缘的塑性区很小,所以,计算 K_{Ic} 时不必进行塑性修正。

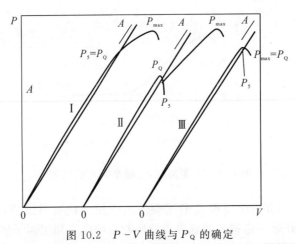

图 10.2 $P - V$ 曲线与 P_Q 的确定

10.2 平面应力断裂韧度 K_c 的测定

工程实际中的薄壁构件,如飞机蒙皮、导弹外壳和薄壁容器等,往往产生平面应力状态下的断裂。由于材料在平面应力状态下比在平面应变状态下具有较高的韧度,如果用 K_{Ic} 指标作为设计依据,则显得过于保守,不仅不能发挥材料的潜力,而且增加构件的质量,降低结构的工作性能。因此,需要测定材料的平面应力断裂韧度 K_c。

材料的平面应力断裂韧度 K_c 是材料在平面应力状态下抵抗裂纹失稳扩展的能力,它与试样的厚度、宽度以及裂纹长度等因素都有关系。适当地设计试样,可以把一些因素的影响消除,或降低到最低程度,使厚度成为唯一显著影响 K_c 的因素。因此,尽管 K_c 不是材料常数,但是测定一定厚度条件下的 K_c 对实际应用具有重要意义。

平面应力断裂韧度 K_c 的测试方法,目前也还没有统一的标准。本节简要介绍两种测定 K_c 的方法原理:COD 法和 R 阻力曲线法。

(1)COD 法简单易行,宜于工程实际应用。COD 法测定 K_c 的原理是基于平面应力状态下,裂纹加载时,其 P-COD 曲线具有塑性材料的断裂特性(见图 10.3),即经弹性变形阶段后,由于裂纹缓慢扩展和裂尖塑性变形,出现非线性变化阶段,最后达到某一不稳定临界点 C 而发生断裂。相应于临界点时的应力强度因子

$$K_c = Y\sqrt{\pi a_c}\,\sigma_c$$

即定义为平面应力断裂韧度。

式中:σ_c —— 试样在临界点的名义应力,等于临界载荷 P_c 与试样毛截面积 A 之比;

　　a_c —— 临界裂纹等效长度(由于平面应力状态下的塑性区尺寸远比平面应变状态下的塑性区大,在确定 a_c 时必须考虑塑性影响);

　Y —— 试样的形状系数。

因此,测定 K_c 时,需要测出临界载荷 P_c 和其相应的临界裂纹等效长度 a_c,然后计算出 K_c 值。

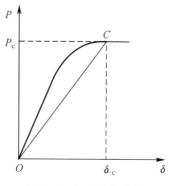

图 10.3　P-COD 曲线

测试的关键在于确定试样断裂的临界点,以及测定临界裂纹等效长度 a_c。但是,要精确地确定临界点有一定的困难,这也是 COD 方法的不足之处,而 a_c 则可以通过标定的方法来确定。

COD 法的具体测试方法:将合乎尺寸要求的带裂纹的试样在试验机上加载,自动绘出 P-COD 曲线,一般取曲线刚刚进入水平段的转折点(见图 10.3 中的 C 点)为临界点。由此得出 P_c 和 $(COD)_c$,再通过 COD 和等效裂纹长度 a 的关系曲线(标定曲线),可得相应于 C 点时的等效裂纹长度 σ_c。最后,把 σ_c,a_c 代入 K_c 的计算公式,即可求出 K_c 值。测试装置如图 10.4 所示。

(2)平面应力断裂韧度 K_c 也可通过 R 阻力曲线来确定,如图 10.5 所示,裂纹扩展动力和裂纹扩展阻力都用应力强度因子 K 来表示,图中虚线为裂纹扩展动力曲线,通常满足

$$K = C\sigma\sqrt{a}$$

式中:C —— 常数;

a—— 裂纹有效长度。

图中实线为裂纹扩展阻力曲线,阻力 R 只是裂纹扩展量 Δa 的函数,与初始裂纹长度 a_0 无关。通常将 a_0 当作常数,于是将阻力 R 写成裂纹瞬时长度 $a = a_0 + \Delta a$ 的函数,以 $R = K_R(a)$ 表示。R 阻力曲线代表材料的性能,对于一定材料,具有一定的 R 阻力曲线。由图可见,当应力较小时,动力曲线与阻力曲线有交点,交点处 $K = K_R$,但 $\dfrac{dK}{da} < \dfrac{dK_R}{da}$,此时裂纹扩展是稳定的。若应力增大至 σ_c,则动力曲线与阻力曲线相切,切点处,$K = K_R$,且 $\dfrac{dK}{da} = \dfrac{dK_R}{da}$,此时裂纹将失稳扩展,因此对应于切点 C 的 K 值,即为临界值 K_c。

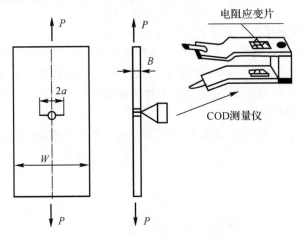

图 10.4　K_c 测试装置示意图

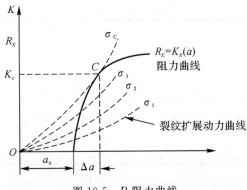

图 10.5　R 阻力曲线

可见,求平面应力断裂韧度 K_c,必须先测出平面应力条件下裂纹扩展阻力曲线。测定 R 阻力曲线有几种方法,如中心裂纹平板试样拉伸试验法、紧凑试样拉伸试验法、楔形加载法等。前两种方法已比较成熟,做起来也比较容易,但测出的 R 阻力曲线只能延伸到裂纹失稳时就结束。楔形加载法做起来比较复杂,而测出的 R 阻力曲线可以延伸到最大韧性为止。

10.3　疲劳裂纹扩展速率 da/dN 的测定

带裂纹元件受到交变载荷作用时,其裂纹长度随着交变应力循环数 N 的增加而扩展,即裂纹长度为 N 的函数 $a(N)$。疲劳裂纹扩展速率 da/dN 就是交变应力每循环一次裂纹长度的扩展量,单位为 mm/ 次。要计算带裂纹构件在交变载荷作用下的疲劳裂纹扩展寿命,必须有材料在构件厚度下的 da/dN-ΔK 曲线及其表达式,因此,测定疲劳裂纹扩展速率 da/dN 具有重要的意义。

前文已指出:da/dN 常表示为 ΔK 的函数,例如用 Paris 公式表示,有

$$\frac{da}{dN} = c\,(\Delta K)^n \tag{10.3}$$

da/dN-ΔK 曲线可分为近门槛区、中速扩展区和快速扩展区,本节仅介绍后面两区(即 $da/dN > 10^{-5}$ mm/ 次)的 da/dN 测试方法,而近门槛区 da/dN 与 ΔK_{th} 的测定要由降载 (K) 的程序来实现。

测定疲劳裂纹扩展速率的试验应对每一试件取得若干数据点 $(da/dN,\Delta K)$,然后根据一组试件的全部数据点 $(da/dN,\Delta K)$,选择适当的 da/dN-ΔK 表达式(如 Paris 公式),通过函数拟合的方法确定出表达式中的系数 (C,n)。

为了对每个试件得到若干个不同的 ΔK 值所对应的 da/dN,需要对每个试件施加交变载荷,使试件的裂纹继续扩展。测定 da/dN 的标准试验方法(我国国家标准 GB/T 6398—2000 和美国标准 ASTME 647—2015)规定,对每个试件所施加的交变载荷是恒定的,即交变载荷幅值 $\frac{1}{2}\Delta P$(或规范 ΔP)和应力比 R 均保持不变。在这种载荷作用下,随着交变载荷循环数 N 的增加,裂纹长度 $a(N)$ 也不断增加,ΔK 也不断增大。在试验中,对各个循环数 N_i,测定出相应的裂纹长度 $a(N_i)$。这样,对每个试件就可以测得若干数据点 $[a(N_i),N_i]$。试验后,拟合 $a(N)$-N 曲线,并在曲线的若干点处确定函数值 $a(N_i)$ 和对应的斜率 $(da/dN)_i$。再将 $a(N_i)$ 值和试验中所施加的交变载荷范围 ΔP 代入试件的 ΔK 公式,计算出各点对应的 ΔK_i 值。于是,就对每个试件得到了若干数据点 $[(da/dN)_i,\Delta K_i]$。

第11章　疲劳载荷谱

为了预测构件的疲劳寿命,需要了解构件承受载荷随时间变化的历程和构件内部某些关键部位应力随时间变化的历程,前者称为载荷谱,后者称为应力谱。为简便起见,有时就广义地将它们称为载荷谱。载荷谱随时间呈无规则的变化,称为随机载荷谱。图 $11.1(a)(b)$ 为一列随机发生的载荷-时间序列示意图。

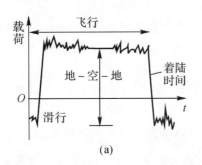 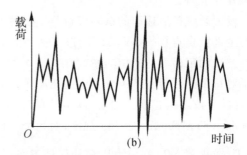

图 11.1　疲劳载荷谱示例

载荷大小、循环次数和排列顺序,是疲劳载荷的三个主要部分。对同类机件进行多次实测表明,载荷大小和循环次数一般可以比较稳定地再现,但每个载荷作用的先后次序则是在一定范围内随机出现的。而人们在预计疲劳寿命时,又只能从这无限的可能顺序中挑选出一种确定的载荷谱情况来作为依据,这就需要对载荷谱进行精心的安排,而判定编排的合理性则要看它能否较好地反映该类构件的疲劳损伤情况。

从疲劳裂纹扩展机理的观点来看,应注意到以下几点。

(1)载荷谱在裂纹起始、短裂纹和长裂纹扩展诸阶段对损伤所起的作用是不同的,载荷谱中存在压缩载荷部分时更为明显。如果说长裂纹扩展阶段谱的压缩部分常可忽略不计,裂纹起始、短裂纹阶段则不能忽略。同样,在长裂纹经受超载后紧接着的压缩载荷部分亦不可忽略。

(2)少数特大超载在超载塑性区范围内对后续的载荷序列有重大影响,因此,合理地选择可能出现的最高载荷级(亦称截取级)和合理安排它们在载荷谱中的位置是重要的。

(3)载荷谱中幅值越小,则频次越多。如何选择最低载荷级(亦称截除级),对于经济而合理地编谱亦是重要的。在裂纹起始阶段,疲劳极限作为截除级的参考是合理的;在裂纹扩展阶段,ΔK_{th} 可以作为截除级的参考,但超载截止比 γ_{SR} 往往起着更重要的作用。

(4)还有一些与载荷谱发生细节有关的问题,如随机谱的计数方法,也会对疲劳损伤和疲劳寿命产生较大影响。

当然,并不要求所有问题都放在建立随机谱中去解决,一些与疲劳损伤密切相关的因素应当在建立疲劳寿命累积模型中去解决,但以上诸方面对随机谱的建立都能产生重要影响。

本章简要介绍飞机重复载荷源、飞机疲劳载荷谱的编制以及谱的计数法。

11.1　飞机重复载荷源

疲劳载荷谱的编制中应考虑使用中所遭遇的所有重要的重复载荷源。鉴于飞机结构的复杂性,各结构部分可以有各种不同的重复载荷源,但归纳起来可分为两类,一类与全机重心过载谱相关,如:

(1)机动载荷系数谱;

(2)突风重复载荷谱;

(3)地面载荷谱。

另一类是与各构件遭受的局部载荷相关,与全机重心过载没有确定的关系,如:

(1)机身气密舱的增压载荷;

(2)可动机构的重复操作载荷;

(3)气流引起的局部结构振动;

(4)尾翼的抖振;

(5)发动机噪声场激励的局部结构的噪声疲劳载荷;

(6)反复气动加热引起的座舱罩的热疲劳载荷等。

这里主要介绍前一类重复载荷源。

一、机动载荷系数谱

当多次操纵飞机做各种机动飞行时,飞机遭受的重复载荷称为机动重复载荷。对经常做飞行动作的飞机,如歼击机、强击机、战斗轰炸机等,机动重复载荷是主要的疲劳损伤载荷。对于运输型飞机,由于机动飞行简单,过载较小,机动重复载荷常常不是其疲劳损伤的主要载荷。事实上,机动载荷的大小及其发生次数与飞机的飞行动作直接相关,因此机动重复载荷常按机种分别进行实测统计。

机动重复载荷的获得方法有两种:一种是由国军标或适航性条例中给出的,它是过去各机种实测结果的概括;另一种是对现行机种进行实测得到的。后者真实性强,但要取得足够的数据,花费很大。通常都是将两者结合起来,与规范谱比较后,对实测少量数据进行一定的修正。

机动重复载荷谱通常是以机动载荷系数的方法给出的,因而又称为机动载荷系数谱。它以飞机重心上所受的过载系数(N_g)表示,并以任务段若干飞行小时出现的累积次数给出。表 11.1 是美国军用规范(MIL—A—87221)中给出的歼击机、攻击机和歼击教练机类飞机的机动载荷系数谱,表 11.2 是货运机的机动载荷系数谱。两者比较可见,前者无论从载荷系数的大小还是从累积出现频数来看,都严重得多。

表 11.1　某战斗机的机动载荷系数谱各任务段每 1 000 飞行小时累积出现次数

N_g	上　升	巡　航	下　降	待　机	空-地	特殊军械	空-空
正							
2.0	5 000	10 000	20 000	15 000	175 000	70 000	300 000
3.0	90	2 500	5 500	2 200	100 000	25 000	150 000
4.0	1	400	500	250	40 000	7 500	50 000
5.0		1	1	25	10 000	2 000	13 000
6.0				1	1 500	250	3 300
7.0					200	15	900
8.0					15	1	220
9.0					1		60
10.0							15
负							
0.5						10 000	44 000
0						350	4 000
− 0.5						30	1 200
− 1.0						7	350
− 1.5						3	60
− 2.0						1	8
− 2.5							1

表 11.2 C 运输类 (货运机) 机动载荷系数谱各任务段每 1 000 飞行小时累积出现频数

N_g	后 勤			训 练			空中加油
	爬升	巡航	下滑	爬升	巡航	下滑	
正							
1.2	11 000	825	13 000	60 000	45 000	35 000	8 000
1.4	380	30	435	5 600	4 000	3 500	850
1.6	25	3	28	500	350	800	110
1.8	4.5	0.7	5	70	35	250	20
2.0	1.8			15	5	90	2.5
2.2				4	1	35	
2.4				2		11	
2.6				1		2.5	
2.8							1.5
负							
0.9	6 800	600	7 000	12 000	72 00	10 000	3 000
0.8	2 500	150	3 000	5 000	1 500	1 700	800
0.7	600	75	680	1 000	200	350	200
0.6	100	20	120	200	30	85	70
0.4	1	0.8	1	7	1	7	8
0.2						0.6	2

二、突风重复载荷谱

突风重复载荷谱是对民航机及运输机疲劳损伤的主要重复载荷,对歼击机类型的飞机,它造成的疲劳损伤则相对很小。

突风重复载荷谱根据设计使用寿命和设计使用方法确定,并可以用实测和 (或) 阵风模型导出。

实测结果以飞机重心处经受的突风过载系数增量随若干飞行小时出现的过载频率分布的变化,按任务段以表格或图表的方式给出。表 11.3 为某客机突风过载的超越频率分布。

表 11.3 某客机突风过载的频率分布

加速度增量 Δg （以 g 为单位）	各飞行阶段发生频率(正负峰均计及)			总发生频率
	爬 升	巡 航	下 滑	
$0.2 \sim 0.3$	2 724	4 897	4 332	11 953
$0.3 \sim 0.4$	568	1 119	964	2 651
$0.4 \sim 0.5$	120	251	195	566
$0.5 \sim 0.6$	35	73	53	161
$0.6 \sim 0.7$	8	32	15	55
$0.7 \sim 0.8$	3	9	5	17
$0.8 \sim 0.9$	0	2	0	2
$0.9 \sim 1.0$	1	1	1	3
$1.0 \sim 1.1$	1	0		1
$1.1 \sim 1.2$		1		1
总　　计	3 460	6 385	5 565	15 410
飞行小时 /h	319.7	1 044.6	452.7	1 817.0
平均空速 /(km·h^{-1})	747.4	904.5	628.0	808.4
飞行距离 /km	2.39×10^2	9.45×10^5	2.83×10^5	14.7×10^5

三、地面载荷谱

地面载荷谱反映了地面使用及维护操作的所有情况,这些情况包括着陆撞击、地面操纵和地面操作或维护。地面操纵包括滑行、转弯、打地转、刹车和起飞。地面操作包括牵引、顶起和吊起。

着陆撞击重复载荷是由于起落架弹性造成的,它主要对起落架及其连接接头造成疲劳损伤。为了对各机种通用,常用载荷超过某一给定下沉速度 v_y 的次数,以表格或图形表示。表 11.4 是美国军用规范规定的每 1 000 次着陆下沉速度下的累积频数。根据飞机重量和起落架参数,可以将下沉速度转换成飞机重心过载增量,从而得到着陆撞击重复载荷频率分布(见图 11.2)。

表 11.4　每 1 000 次着陆下沉速度下的累积频数

下降速度 /(ft · s⁻¹)	教练机	其他类飞机
0.5	1 000	1 000
1.5	870	820
2.5	680	530
3.5	460	270
4.5	270	115
5.5	145	37
6.5	68	11
7.5	31	3.0
8.5	14	1.5
9.5	6.0	0.5
10.5	3.0	0
11.5	1.5	
12.5	0.5	
13.5	0	

① 1 ft = 0.304 8 m。

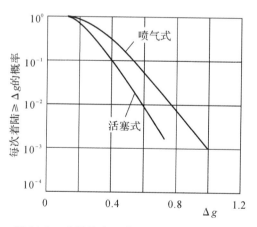

图 11.2　着陆撞击过载统计的平均频率分布

地面滑行重复载荷主要是跑道起伏粗糙度引起的,一般来说,频数较高而幅值较小,对机体不是主要疲劳损伤载荷,但对起落架则是重要的疲劳载荷源。值得特别指出的是,虽然滑行载荷本身对机体不造成重要损伤,但与空中受载结合起来,构成一种地-空-地循环载荷(见图 11.3),则可对机体,特别是运输机类飞机机体造成严重损伤,绝不容许忽略这种载荷情况。

地面滑行谱获取的一种方法是进行实测,表 11.5 中给出了飞机在 1 000 次滑行时重心处经受的载荷系数和累积频数。

另一种方法是采用功率谱密度法进行分析,并结合飞机及起落架的动力特性,从而获得所需的滑行载荷谱。

除以上地面载荷外,刹车、转弯、打地转以及牵引等操作也将造成起落架结构的一定损伤,在编谱中也应当予以考虑。

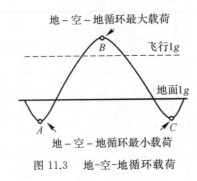

图 11.3　地-空-地循环载荷

表 11.5　飞机重心处经受的载荷系数 (N_g) 每 1 000 次跑道着陆累积出现频数

N_g	累积出现频数
1 ± 0	494 000
1 ± 0.1	194 000
1 ± 0.2	29 000
1 ± 0.3	2 100
1 ± 0.4	94
1 ± 0.5	4
1 ± 0.6	0.155
1 ± 0.7	0.005
1 ± 0.8	0

11.2　飞机疲劳载荷谱的编制

疲劳载荷谱力图真实地反映结构实际遭受的重复载荷环境,但要做到这一点是很不容易的。随着研究的深入和技术的进步,疲劳载荷谱的编制在历史上也有很多演变。最初用等幅谱,随后按多级载荷编制程序块谱,20 世纪 80 年代以来,随着电液伺服控制可能产生任何随机载荷谱,以模拟真实载荷情况,人们更乐于编制飞-续-飞随机载荷谱。谱的编制是一项环节多、工作量大、技术复杂的工作,不可能做细致的介绍,只能扼要地介绍编制飞-续-飞谱的一般步骤和方法,其步骤是:

（1）确定典型任务剖面;

（2）典型任务的混合;

（3）确定重心过载的累积频数分布;

（4）确定载荷情况;

（5）载荷及应力分析;

（6）谱的离散化;

（7）编制飞-续-飞载荷谱。

下面对各步骤进行简要叙述。

一、确定典型任务剖面

典型任务剖面是飞机遭受的重复载荷环境谱的原始资料,一般以图示给出,故又称为飞行任务图,该图给出飞机起飞、巡航及着陆各阶段的飞机质量、速度和高度的变化(见图 11.4)。

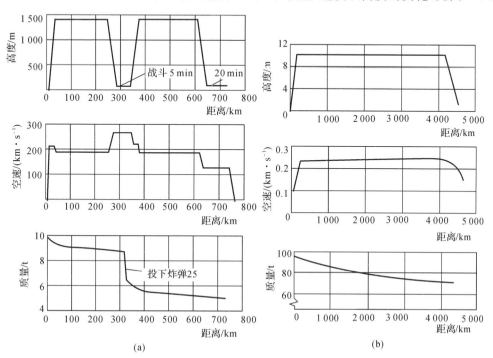

(a)　　　　　　　　　　　　　(b)

图 11.4　飞机典型飞行剖面图

（a）战斗机；（b）远程客机

二、典型任务的混合

要确定该种类的飞机有几种典型任务剖面,各种剖面使用的百分比及每种任务一次的飞行时间、着陆次数和飞机的结构形式(主要指是否带副油箱等外挂情况)。这种百分比可以以一次飞行为基础,也可以更细一些,以一次飞行中的每个任务段为基础。

三、确定重心过载的累积频数分布

根据各种类飞机遭受的重复载荷源,用 11.1 节所述的方法,按飞行任务剖面或任务段给出一个谱块(例如 1 000 次飞行)的重心过载累积频数分布,例如运输机突风载荷、地面滑行载荷及地-空-地循环的累积频数分布等。载荷谱多为实测,还涉及计数方法或功率谱密度法问题。

四、确定载荷情况

为了把重心过载谱转换成飞机结构各关键部位的应力谱,不仅要给出重心过载累积频数分布,还需要给出其他飞行参数(如质量、高度、速度、三个偏转角等)和结构响应参数的频率分布,并把它们转换成概率分布。然后按概率出现的大小来组合这些参数,保留高概率的组合,以形成不同的载荷情况,作为载荷计算和应力分析的输入。

五、载荷及应力分析

把确定的每种载荷情况的一组参数代入结构指定部位相应载荷(或应力)方程中,即可计算出该部位的载荷(或应力),把它们与相应的累积频率联系起来,便可获得未经排序的该部位的载荷(或应力)谱。

六、谱的离散化

以上所得的无顺序载荷谱是以累积频数分布曲线的形式给出的。要把它转换为有序的随机载荷谱,必须对累积频数分布曲线进行离散化处理,它包括载荷分级、高载截取、低载截除等损伤转换内容。

七、编制飞-续-飞载荷谱

为了从机群的整体上尽可能真实地反映使用情况,可以按一次飞行接一次飞行来进行编谱,即飞-续-飞谱。

按编谱方法,编谱又可分为任务飞-续-飞谱和任务段飞-续-飞谱,前者以每种任务剖面为基础,后者再分为更细的任务段(如起飞、爬升、巡航、空-空、下滑、着陆撞击及滑跑等),以任务段为基础进行编谱。选用哪一种编谱方法要看已掌握的信息量是否足够。

根据现有的研究工作,对载荷顺序应注意掌握以下原则:

(1)对构件能承受的确定顺序的载荷,应按确定的顺序排序。例如,各任务段有其固定的顺序,起飞滑跑在爬升之前,特技一般在飞行中间,而着陆撞击在一个飞行之末。

(2)随机载荷必须随机排列,如运输机遭受的突风载荷、战斗机遭受的机动载荷等都是在一定范围内随机发生的,应当采用随机函数使之随机发生。

（3）必须确定一个合理的任务配置，如果任务类型比较少而每一任务的次数多，顺序问题并不重要。发生最高应力的严重任务一般很少，建议均匀排列在其他任务中。

11.3　谱的计数法

实测的载荷-时间曲线（见图 11.5）尚需通过一定的方法整理成表格或频率分布曲线的形式，处理方法有两类：一类叫作计数法，另一类叫作功率谱密度法。本书只介绍第一类方法。

在第 8 章中讨论了超载迟滞对裂纹扩展寿命有重大影响，结果使载荷的先后顺序变得重要。同样，随机载荷下的循环定义问题，即计数方法的选择也会对裂纹扩展寿命产生重大影响。下面研究载荷谱中几个载荷细节，在图 11.5 中分别表示为(a)(b)(c)(d)，它们的应力变化范围均为 10δ。在情况(a)中局部波可被忽略，可看成是 10δ 的单一变幅循环。在情况(b)中波折为 3δ，不能忽略它，可以有两种循环定义方法：一种是由虚线所示的一个 7δ 和一个 6δ 变幅组成；另一种是按一个 10δ 和一个 3δ 变幅计数。对(c)(d)两个细节亦类推。为方便比较起见，如果均按照裂纹扩展方程 $\dfrac{da}{dN}=C(\Delta K)^4$ 计算裂纹扩展量，不计循环比 R 的影响，则可得到表 11.6 所示的裂纹扩展量。按计数方法 Ⅰ，(b)(c)两种情况反而比情况(a)的裂纹扩展量更小，这显然不合理。用计数方法 Ⅱ 处理从总体上看就更合理些。后者实质上就是"雨流"计数法，而前者属于峰值计数。

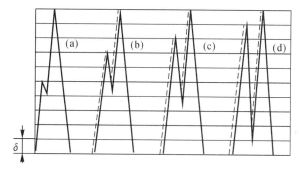

图 11.5　循环定义

表 11.6　裂纹扩展量

细节号	裂纹扩展量	
	按计数方法 Ⅰ	按计数方法 Ⅱ
(a)	$C(10\delta)^4 = 10\,000C\delta^4$	$C(10\delta)^4 = 10\,000C\delta^4$
(b)	$C(7\delta)^4 + C(6\delta)^4 = 3\,694C\delta^4$	$C(10\delta)^4 + C(3\delta)^4 = 10\,081C\delta^4$
(c)	$C(7\delta)^4 + C(6\delta)^4 = 3\,694C\delta^4$	$C(10\delta)^4 + C(5\delta)^4 = 10\,625C\delta^4$
(d)	$2C(9.5\delta)^4 = 16\,290C\delta^4$	$C(10\delta)^4 + C(9\delta)^4 = 16\,561C\delta^4$

历史上曾用过多种计数方法,包括穿级计数法、峰值计数法。前者是以载荷变量从正的(或负的)斜率穿过某一指定级的次数为基础的,后者是以载荷变量达到极大值(峰顶)或极小值(谷值)的次数为基础的。这两类方法虽然迄今尚有应用,但由于与疲劳机理关联甚少,故已日益被变程类计数法所代替。

变程是指相邻的峰谷与峰顶的差值,当峰谷后面跟着的是峰顶时,变程取为正,反之取为负。变程类计数法包括简单变程计数法、变程-均值计数法、变程对-超越计数法、变程对-均值计数法、"雨流"计数法以及"跑道"计数法。

上文介绍的就是目前应用最广的"雨流"计数法。该方法是 1968 年由 Masuish 和 Endo 提出的,其基本方法如图 11.6 所示。用这种方法时如果将时间轴向下,载荷谱垂直放置,可以把它视为一列宝塔形堆叠的屋顶,就像雨水从每个屋顶流下滴在下面的屋顶上,并按以下原理处理。

(1)"雨流"始于一列谱的始点和每一峰值的内侧。

(2)"雨流"止于其对面有较开始时更高的峰或更低的谷,亦止于遇到上面屋顶流下的"雨滴"。

(3)每条"雨水"的水平长度是作为该载荷的半循环计数的。

(4)载荷谱的每一部分必须确保计数,但只计数一次。

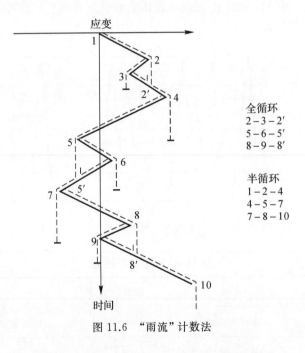

图 11.6 "雨流"计数法

"雨流"计数法的特点是反复载荷-时间历程与材料在反复载荷下的应力-应变响应有对应关系。图 11.7 所示的某种材料的应力-应变行为,它正是图 11.6 所示的载荷-时间历程的响应,可清楚地显示出 3 个完整循环回线和 3 个半循环的应力-应变响应。前文已述,"雨流"计数法还与裂纹扩展规律相吻合,这样,采用"雨流"计数法对载荷-时间历程进行循环计数,为获得准确的疲劳寿命创造了良好的条件。

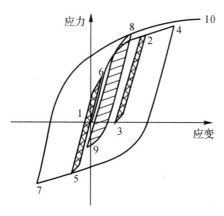

图 11.7　对应图 11.6 所示的应变历程的应力-应变响应

在损伤容限分析用载荷谱中采用"雨流"计数法,尚有一个循环顺序的安排。可进一步考虑保留一列谱中最高峰值和最低谷值的相对位置保持不变,这是因为它们对寿命都有很大的影响。如图 11.6 所示,考虑到超载只影响随后的循环,顺序上可先安排 2—3—2′,再安排 1—2—4,5—6—5′,8—9—8′,最后安排 7—8—10 等。

现在已有的主要的疲劳分析软件均可以实现该方法。

第12章　基于小裂纹理论的全寿命分析模型

小裂纹的形成和扩展组成了疲劳裂纹的形成阶段。由于小裂纹的扩展表现出不同于长裂纹的特殊性,这使得线弹性断裂力学理论和模型不能直接用于小裂纹扩展寿命的分析。已有的研究表明,应用小裂纹理论的塑性诱发闭合模型来预测疲劳裂纹形成阶段的寿命是可行的。

12.1　小裂纹概念

已有的试验分析表明,影响小裂纹扩展的可能因素如下:

(1) 微观结构因素和微观力学因素;

(2) 力学因素和环境因素。

微观因素是影响晶粒量级裂纹扩展的主要因素;远大于晶粒量级的裂纹则主要受宏观因素的影响。因此,将小裂纹按其控制因素的性质可分为微观结构小裂纹(Microstructurally Small Crack,MSC)和物理小裂纹(Physics Small Crack,PSC)。

MSC 的扩展主要受组织结构因素的影响,微裂纹的闭合、裂纹微塑性以及裂尖滑移带的发展也与 MSC 的扩展有关。但微裂纹闭合的程度、微塑性及滑移带的发展都受材料组织结构的控制。因此,MSC 扩展的控制因素是微观结构。MSC 的扩展受材料中随机分布的阻碍物的作用而不再具有确定性的规律,而且,正是 MSC 在阻碍物处的受阻程度和停滞时间决定着材料的疲劳极限和 MSC 的寿命期。微裂纹只有在穿过最强阻碍物成为 PSC 后才能连续扩展。

PSC 的扩展则主要由力学因素控制,其下界即为 MSC 的上界,但其上界[即 LEFM,(Linear - Elastic Fracture Mechanics) 临界裂纹尺寸]则受多种因素的影响,如应力-应变分布、应力水平及平均应力、裂纹的闭合水平、材料的延性性能、温度、介质环境、裂纹形状等。物理小裂纹存在着尺寸效应,其表现为随裂纹尺寸的减小,对裂纹扩展的影响如下:

(1) 门槛值下降;

(2) 对载荷、环境更为敏感;

(3) 随机性增强;

(4) 受塑性的影响增大。

造成物理短裂纹尺寸效应的主要因素如下:

(1) 裂纹闭合:很小的裂纹因尾迹区短、裂尖钝化作用显著和缺口根部单调压缩塑性变形影响严重等而远比长裂纹更难闭合。

(2) 微观结构:PSC 扩展早期,微观结构的作用并未完全消失,这造成其扩展的不稳定性以及裂纹路径和形状的随意性。

（3）裂纹形状：裂纹扩展率对裂纹形状及起始方位很敏感，而 PSC 因组织结构的影响，形状和路径具有随机性。

因此，从试件表面测得的 PSC 扩展数据若不结合裂纹形状进行分析是极不可靠的，尤其是边、角处的裂纹及所谓穿透小裂纹更是如此。

12.2　小裂纹扩展特性分析

已有的试验研究发现，小裂纹的扩展表现出不同于长裂纹的扩展特性，主要表现在以下几个方面：

（1）当裂尖应力强度因子 ΔK 低于长裂纹应力强度因子门槛值 ΔK_{th} 时，小裂纹仍能扩展，且 ΔK_{th} 随裂纹长度减小而降低。根据从多种延性材料所获得的有关短裂纹扩展速率的数据，Kitagawa 和 Takahashi（1976 年）指出，存在一临界裂纹尺寸 a_c，当实际裂纹长度 a 小于 a_c 时，ΔK_{th} 随裂纹长度的减小而降低。把许多工程合金的有关试验结果加以综合（见图 12.1，图中数据取自屈服强度值在 $30 \sim 770$ MPa 之间的多种工程合金，根据 Tanaka，Nakai 和 Yamashita，1981 年）后发现：当 $a < a_c$ 时，可以用一临界应力 $\Delta\sigma_{th}$ 来描述门槛条件，$\Delta\sigma_{th}$ 与裂纹尺寸趋近于零的光滑试件的疲劳极限 $\Delta\sigma_f$ 相当，当 $a > a_c$ 时，$\Delta K_{th} = \Delta K_{th0}$，且 ΔK_{th} 与裂纹尺寸无关。

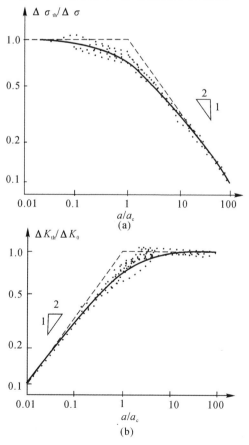

图 12.1　裂纹尺寸对门槛应力和门槛应力强度因子范围的影响

（a）裂纹尺寸对门槛应力的影响；　（b）裂纹尺寸对门槛应力强度因子的影响

（2）在相同的名义驱动力下，小裂纹扩展速率与长裂纹不同，在许多材料里都可以观察到这种现象。图 12.2 归纳了小裂纹的扩展速率与 ΔK 的关系，说明小裂纹可以在比长裂纹低的名义驱动力下扩展；在相同的名义驱动力下，小裂纹具有比长裂纹高得多的扩展速率；在进入长裂纹阶段之前，小裂纹具有先减速后加速的扩展特征。此外，大晶粒状态具有较高的小裂纹扩展速率，ΔK_{th} 也较高；而小晶粒状态的小裂纹扩展速率较低，ΔK_{th} 亦较低。

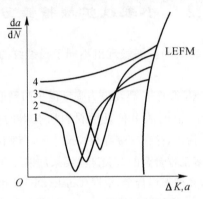

图 12.2　小裂纹扩展规律及晶粒尺寸影响示意图

（晶粒 1 尺寸 < 晶粒 2 尺寸 < 晶粒 3 尺寸 < 晶粒 4 尺寸）

（3）在大多数缺口试件中，小裂纹在扩展过程中可以形成一个取决于应力水平的非扩展裂纹。在缺口处形成的小裂纹，扩展一段后，当应力水平足够小时，就停止扩展，形成小裂纹阶段所特有的非扩展裂纹。非扩展裂纹在光滑试件中也同样存在。长、短裂纹的非扩展裂纹在定义及出现条件上有着明显的区别，在同样的应力强度因子幅值下，只要 $\Delta K < \Delta K_{th}$，长裂纹就不扩展，而小裂纹是先快速扩展一段距离后再停止扩展，短裂纹的这一现象相应地延长了短裂纹的寿命。小裂纹的非扩展裂纹不但与应力门槛值有关，而且与缺口的形状和几何尺寸有较大的关系。

（4）小裂纹的萌生和发展明显受材料细观组织单元尺度的影响。例如晶粒大小、第二相的尺度及分布均与小裂纹扩展过程中的闭合效应、曲折效应密切相关，由此造成小裂纹的试验数据具有较大的分散性。

（5）细观组织小裂纹可以弥散地萌生和发展，单位面积上的裂纹数随循环周次增加而增加，当裂纹密度达到一临界值时，将发生裂纹的汇合扩展。

（6）载荷顺序对小裂纹扩展的影响比长裂纹阶段更明显。在小裂纹扩展阶段引入单峰超疲劳载荷，将产生明显的超载迟滞效应。例如，具有中心穿透裂纹的铝合金板材，当超载比为 1.5 时，在长裂纹扩展阶段无明显的超载迟滞现象，而在小裂纹扩展阶段具有明显的迟滞效应。

12.3　全寿命模型

由 12.2 节对小裂纹扩展特性的分析可知，小裂纹的扩展过程是非常复杂的，特别是在小裂纹的扩展过程中存在着非扩展裂纹以及多裂纹的汇合等不确定性因素，这使得真实地描述小裂纹的扩展过程更为困难。本节将试件的疲劳破坏过程看成是由一长度很小的小裂纹连续扩展至试件破坏,而不考虑小裂纹中非扩展裂纹和多裂纹的汇合等因素的影响,这样可以使得试件疲劳寿命的计算趋于简单。

由于小裂纹的长度很小,直接使用线弹性断裂力学参数 —— 应力强度因子 ΔK 来描述小裂纹的扩展($\Delta K = \beta \Delta \sigma \sqrt{\pi a}$),当 $a \to 0$ 时,将会出现应力奇异的特性。为使小裂纹的扩展特性更接近长裂纹的扩展特性,以便进行小裂纹阶段的寿命计算,并消除小裂纹的奇异性,本文采用 Haddad 等人提出的本质裂纹长度 a_0 的假设模型 —— 有效裂纹长度模型,即在实际裂纹长度上加上一个疲劳积分初值 a_0 来作弹性应力强度因子的计算。这样小裂纹的应力强度因子可表示为

$$\Delta K' = \beta \Delta \sigma \sqrt{\pi(a + a_0)} \tag{12.1}$$

式中:β —— 几何修正因子。

小裂纹的尺寸效应是使小裂纹表现出不同于长裂纹扩展特征的主要因素之一。

由现有的试验数据和工程经验,总结出长裂纹下闭合效应裂纹扩展模型有

$$\mathrm{d}a/\mathrm{d}N = C\,(\overline{U_R}\,\Delta K)^n \left(\frac{K_c}{K_c - K_{\max}}\right)^{\frac{1}{n}} \tag{12.2}$$

其中,$\overline{U_R} = \dfrac{U_R}{U_0}$ 为考虑应力比 R 的闭合系数,具体有

$$U_R = \exp\left\{-\left[2.2 + \left(\frac{R+3}{8}\right)^2\right]\right\} + \left[\exp(0.4 - R) + \left(\ln\frac{1}{1-\varphi}\right)^{0.25}\left(\frac{B_c}{2B}\right)^{0.05}\right]^{-1} \tag{12.3}$$

$$U_0 = U_R\,\big|_{\,R=0}$$

$$B_c = 3G^{0.5}\left(\frac{K_{Ic}}{\sigma_{ys}}\right)^2$$

$$G = \frac{E_s}{E}$$

式(12.3) 将结构材料的弹性模量进行了归一化处理。

式中：　B —— 试件厚度;

　　　　E_s —— 钢的弹性模量;

　　　　E —— 分析材料弹性模量;

　　　　σ_{ys} —— 材料屈服强度(单位为 MPa);

　　　　φ —— 材料的颈缩比;

　　　　K_{Ic} —— 材料的断裂韧度(平面应变,单位为 $\mathrm{MPa}\sqrt{\mathrm{m}}$);

　　　　C,n —— Paris 材料常数;

　　　　K_c —— 元件厚度为 B 时的材料断裂韧度,它与 K_{Ic} 之间的关系可以运用下面的工程经验公式得到

$$K_c = \left[1 + \frac{2\nu}{1-2\nu}\exp\left(-6G^{0.2}H^{1.5}\left|1 - \frac{1}{27G^{0.4}H}\right|^{1.5G^{1.8}}\right)\right]K_{Ic} \tag{12.4}$$

式(12.1) ~ 式(12.4) 都是在工程研究过程中总结出来的经验公式,具有一定的工程实用性和可靠性。

将式(12.1)代入式(12.2)得

$$da/dN = C\left(\overline{U_R}\beta\Delta\sigma\sqrt{\pi(a+a_0)}\right)^n \left(\frac{K_c}{K_c - K_{max}}\right)^{\frac{1}{n}} =$$

$$C\left(\overline{U_R}\beta\Delta\sigma\sqrt{\pi a\frac{a+a_0}{a}}\right)^n \left(\frac{K_c}{K_c - K_{max}}\right)^{\frac{1}{n}} =$$

$$C\left[\overline{U_R}\beta\Delta\sigma\sqrt{\pi a}\left(\frac{a+a_0}{a}\right)^{\frac{1}{2}}\right]^n \left(\frac{K_c}{K_c - K_{max}}\right)^{\frac{1}{n}} =$$

$$C\left[\overline{U_R}\left(\frac{a+a_0}{a}\right)^{\frac{1}{2}}\Delta K\right]^n \left(\frac{K_c}{K_c - K_{max}}\right)^{\frac{1}{n}}$$

令 $U_s = \left(\frac{a+a_0}{a}\right)^{\frac{1}{2}}$，$U_s$ 为短裂纹的闭合系数，则有

$$\frac{da}{dN} = C\left(\overline{U_R}U_s\Delta K\right)^n \left(\frac{K_c}{K_c - K_{max}}\right)^{\frac{1}{n}} \tag{12.5}$$

式(12.5)即为小裂纹下的裂纹扩展公式。

为了将小裂纹与宏观裂纹(Paris 公式适用范围)建立成有机的统一体，本模型在式(12.5)中再引入一个系数 U_{th}，模型如下：

$$U_{th} = 1 - \exp\left\{-\left[D\left(\frac{k_f\overline{U_R}\Delta\sigma}{\sigma_f}\right)^m + \left|1 - \frac{\overline{U_R}\Delta K}{\Delta K_{th0}}\right|\right]\right\} \tag{12.6}$$

式中： D—— 材料常数，由 $\frac{da}{dN} = 10^{-10}$ m/次(假定裂纹在该速率之下时认为裂纹不再扩展)

确定，初始值可选定为 $D = 0.35$，然后迭代确定 D 值；

k_f—— 疲劳减缩系数；

$\Delta\sigma$—— 循环应力变程(幅值)；

ΔK—— 循环载荷下的应力强度因子幅值，由公式或分析得到；

σ_f—— 当 $R = 0$ 时，光滑试样疲劳极限(单位为 MPa)；

ΔK_{th0}—— 当 $R = 0$ 时，材料裂纹扩展门槛值(单位为 MPa$\sqrt{m}$)。

对于小裂纹扩展公式中引入的裂纹特征长度 a_0，假定裂纹在小裂纹与宏观裂纹之间存在如下关系：

$$\Delta K_{th0} = \Delta\sigma\sqrt{\pi a} \tag{12.7}$$

即疲劳裂纹扩展与宏观裂纹扩展的衔接关系通过材料裂纹扩展门槛值与试样疲劳极限保持一致。

由式(12.1)可以得到

$$a = \frac{1}{\pi}\left(\frac{\Delta K_{th0}}{\sigma_f}\right)^2 \tag{12.8}$$

即有

$$a_0 = \frac{1}{\pi}\left(\frac{\Delta K_{th0}}{\sigma_f}\right)^2 \tag{12.9}$$

设 $\overline{U} = \overline{U_R}U_sU_{th}$，则最终全寿命模型的裂纹扩展公式可以表达为下面的公式

$$\frac{\mathrm{d}a}{\mathrm{d}N} = C \ (\overline{U} \Delta K)^{n} \left(\frac{K_{c}}{K_{c} - K_{max}} \right)^{\frac{1}{n}} \qquad (12.10)$$

该模型从裂纹闭合效应和物理小裂纹的机理角度考虑,建立了体现小裂纹阶段和长裂纹阶段的裂纹扩展特性。

第 13 章　疲劳断裂力学中新的数值计算方法和模型

13.1　有限元重合网格法

有限元重合网格法(Superpositions Finite Element Method,S-FEM)的基本思想是将有限元网格分解成两种独立的有限元网格——全局区域网格和局部区域网格(见图 13.1)。全局区域网格分得较粗,局部区域网格分得很细,其目的在于既能充分表达局部不均匀性或高梯度应变,又能保证一定的计算效率。图 13.1 中 Ω 表示求解区域,Γ^u,Γ^t 分别表示域的位移边界和表面力作用边界。假如高梯度的应变或局部不均匀性出现在某个边界为 Γ^L 的局部区域里并有 $\Omega^L \subset \Omega^G$,这里定义 Ω^G 为全局区域,定义 Ω^G 和 Ω^L 之间的边界为 $\Gamma^{GL} = \Gamma^L/(\Gamma \cap \Gamma^L)$,上述定义中 G 和 L 分别表示全局和局部区域。t_i 表示表面力,b_i 表示体力。

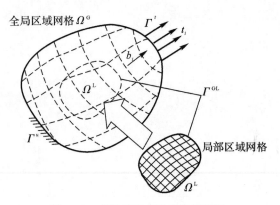

图 13.1　有限元重合网格法原理图

应用有限元重合网格法求解断裂力学问题时,只需要将裂纹创建在局部区域网格中而在全局区域网格中没有裂纹(见图 13.2),这样,就可以通过单独细化局部区域网格来减少离散化误差和提高计算效率。

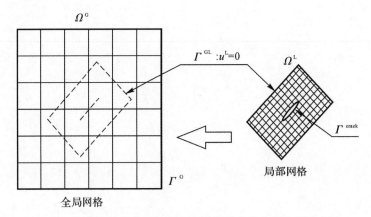

图 13.2　有限元重合网格法在二维断裂力学中的应用示意图

13.2　扩展有限元法

1999 年，美国西北大学的 Belytschko 研究组提出了一种用于处理间断问题（材料弱间断问题和几何强间断问题）的修正的有限元方法 —— 扩展有限元法（Extended Finite Element Method，XFEM）。XFEM 是基于单位分解的思想在常规有限元位移模式中加进一些特殊的函数，即跳跃函数和裂尖渐近位移场，从而反映裂纹的存在。扩展有限元法将节点位移分为常规位移和加强位移两部分，加强位移是由于裂纹的存在而产生的，采用跳跃函数和渐近裂尖位移函数来模拟。

在 XFEM 中，不连续裂纹面与计算网格是相互独立的，划分单元时不依赖于裂纹的几何界面，在裂纹扩展后也不需要重新划分网格，因此能方便地分析不连续力学问题（见图 13.3）。由于 XFEM 继承了标准有限元法的优点，并在处理间断问题时具有独特的优势，所以短短十年间，扩展有限元法得到了较大的发展，已应用在动态断裂、剪切带的动态扩展、内聚断裂、多晶界面和颗粒界面以及位错研究等领域。

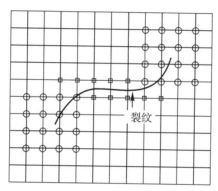

图 13.3　扩展有限元法处理二维裂纹示意图

13.3　无网格法

随着时代的发展，有限元方法遇到了越来越大的挑战。目前，有限元等常用方法在处理以下问题时存在困难或因不能解决而失效。

（1）动态裂纹扩展问题，因网格的限制而失效；

（2）高度大变形问题；

（3）内外边界奇异问题；

（4）高速撞击引起的几何畸变问题；

（5）工业材料成型问题，采用网格模拟材料流动变形带来的不便；

（6）高振荡、陡梯度问题；

（7）自适应计算问题；

（8）相变问题的分析；

（9）爆炸问题等。

在这些问题的计算过程中,需要不断地重新划分网格,使计算量加大,精确度降低。

近年来,人们提出了无网格计算方法。该方法将整个求解域离散为独立的节点,而无须将节点连成单元,这样可以完全抛开网格的生成和重划。位移场的近似采用了基于节点的函数拟合(常规有限元方法采用单元内节点插值),可以保证基本场变量在整个求解域内连续。因为无网格方法脱离了单元约束,无须进行网格重划,所以它在处理裂纹扩展这类具有动态不连续边界的问题时具有很高的精度和效率。因此,采用无网格方法模拟裂纹扩展或计算裂纹尖端应力强度因子具有广阔的应用前景。

图 13.4 以单向拉伸斜裂纹板为例,说明无网格法在断裂力学中的应用。图 13.4(a) 表示裂纹,图 13.4(b) 为无网格示意图,图中的加密处即为裂纹,通过一定的准则定义裂纹面,具体可参考相关的无网格文献,在此不详加叙述。

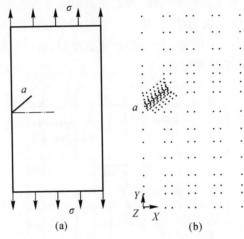

图 13.4 无网格法在断裂力学中的应用
(a) 结构示意图; (b) 无网格示意图

13.4 基于损伤力学的疲劳寿命分析

目前,实际工程中采用的结构寿命预测方法(包括有限元技术)都基于经典的弹、塑性本构(唯象)理论。传统的设计分析方法没有考虑微观结构的损伤演变,它认为材料始终是完好无缺的、本构特征是永恒不变的,只是采用加大安全系数和偏于保守的破坏准则加以弥补,因此不能给出真实结构破坏过程的有关信息。显然,这与现代设计方法和现代工程结构设计的要求是不相适应的。不断发展的市场经济对传统的设计方法同样提出了挑战。在结构分析中采用了含损伤变量的本构关系和损伤演化方程,通过耦合计算可同时得到应力、应变和损伤场,再通过损伤判据确定出发生断裂的临界点及该点出现裂纹起始所需的循环次数或载荷等。基于这一思想,可开发出一种新型的结构分析有限元程序,并配置相应的图形显示后处理程序。这样我们就可准确、形象地掌握一个结构从使用到失效整个服役过程的工作表现和历史。

近年来,损伤力学在处理疲劳问题方面不断拓宽和深入。越来越多的领域开始利用损伤力学来解决工程实际中的疲劳问题,例如岩石和混凝土的疲劳损伤问题,帘线、橡胶复合材料的疲劳损伤问题,金属的蠕变疲劳损伤问题,损伤力学在疲劳试验中的应用,高周疲劳的各向异性损伤问题,将损伤力学用于金属薄板的成型工艺之中,等等。利用损伤力学理论,可以系统地讨论微缺陷对构件的机械性能、结构的应力分布的影响以及缺陷的演化规律,可用于分析结构破坏的整个过程,即微裂纹演化、宏观裂纹的形成直至构件的完全破坏。

　　从耳片结构的损伤场演化示意图可以看出,疲劳损伤首先在孔边高应力集中区出现,并逐渐向外扩展,当损伤场演化到一定程度时,材料的性能下降直至结构失效(见图 13.5)。

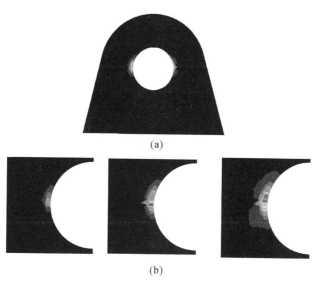

图 13.5　耳片结构的损伤场演化过程图

(a)结构图;　(b)局部区域损伤演化过程

　　从图 13.6 可以看出,采用传统的线性米勒准则计算得到的构件的疲劳损伤累积过程基本上是线性的,而采用损伤演化模型计算得到的构件的疲劳损伤累积过程呈非线性,即初始阶段损伤增长率比较小,后期则增长很快,更符合实际结构的损坏过程。

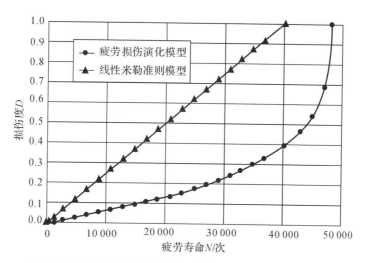

图 13.6　结构疲劳损伤演化模型与线性米勒准则模型的比较

13.5   断裂相场法

针对材料损伤断裂行为的研究方法基本可以分为两类:裂纹面的精确表征和裂纹面的弥散表征。

(1)断裂力学方法。断裂力学分析方法往往以裂纹存在为前提,探究裂纹尖端场变量(如应力、应变和位移等)与材料强度和韧性之间的联系,无法考虑裂纹的萌生、动态扩展和分叉汇合等复杂问题,尤其是面对具有多相材料的复杂材料系统时,更是显得力有未逮。基于断裂理论的数值分析方法往往依赖于断裂准则选择,且在追踪裂纹面拓扑等方面存在极大的挑战,因此大大限制了其在二维,尤其是三维复杂断裂机制分析方面的应用。

(2)连续损伤力学方法。连续损伤力学分析方法是从连续介质力学的角度出发,将材料断裂失效行为与其细观缺陷的演化联系起来,通过引入损伤变量以及损伤变量演化律来研究材料行为退化的理论方法。基于该理论的数值方法通过引入全域连续的损伤因子的方法来表征材料的损伤状态,可以自然模拟材料从损伤萌生到最终失效断裂的全过程,但是对裂纹尖端典型性态往往描述不充分,且还存在应变局部化或者损伤区域扩大化等问题。

以上两类方法各自的缺点均限制了其应用的领域和范围。断裂相场法作为"桥梁",将以上两类方法联系起来,继承了两类方法大部分的优点,因此在最近十多年,获得了广泛的关注并应用于各种断裂机制的研究中。

相场法(Phase Field Method,PFM)是近些年获得广泛关注的新型材料断裂表征方法。相场法是一类描述材料中相变过程的方法总称,在诸多领域获得了广泛的应用,如固态相变、马氏体相变和颗粒生长等。如图 13.7 所示,断裂相场法将尖锐的裂纹近似成弥散的损伤带,其半宽度用 l_0 表示。如图 13.8 所示,在一维情况下,相场变量分布函数 $\varphi(x)$ 表示为

$$\varphi(x) = \mathrm{e}^{-(|x|/l_0)} \tag{13.1}$$

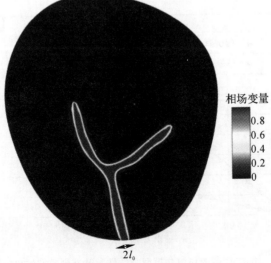

图 13.7   弥散的损伤带区域以及损伤带宽度

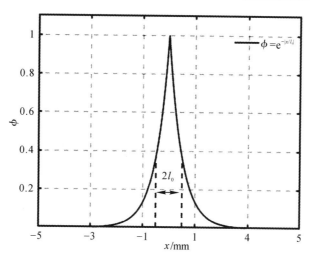

图 13.8　相场变量分布函数

当 $\varphi = 1$ 时,表示材料完全破坏,当 $\varphi = 0$ 时,表示材料完整。

经过学者们的不懈努力,相场法的理论基础不断完善,并在诸多领域获得了广泛的应用。如针对混凝土、多晶材料和陶瓷等材料,取得了和实验结果极为接近的数值结果。相对于描述离散裂纹的计算断裂方法,如扩展有限元和内聚力单元法等,相场法无须额外裂纹起裂准则,可以描述从无裂纹到裂纹起裂扩展的全过程,且可直接追踪裂纹扩展,具有独特优势。相场法在三维断裂仿真领域,尤其是理解复杂的断裂机制方面获得了广泛的应用,如准脆性断裂、大变形断裂、疲劳断裂、各向异性断裂、裂纹分叉与汇合和多物理场领域如塑性断裂、热断裂和静水开裂等。

相场法在损伤力学和断裂力学之间建立起了联系,其本身兼具了离散裂纹模型和弥散裂纹模型的优点。基于相场法模拟断裂问题的主要优势包括如下几点:

(1)模型基于能量最小化原理,无须预制裂纹的存在,可以自然模拟材料从完好到裂纹萌生、裂纹扩展到分叉和汇合等一系列复杂的断裂现象。

(2)无须额外的断裂准则以及复杂的裂纹拓扑追踪技术来处理多裂纹问题,如裂纹分叉与汇合等。

(3)模型从能量变分原理出发,因此很容易把多物理场因素集成到当前模型中去。

(4)在标准有限元的框架内,模型可以很容易由二维拓展到三维情形。因为无须做出平面应变/应力的假设,所以对于实际工程应用具有重要意义。

而其主要缺点则包括如下几点:

(1)模型需要精细的网格来精确获得裂纹(相场)梯度项,且引入了一个额外的自由度,大大增加了问题的维度,从而需要较高的计算资源。不过这可以通过并行计算以及自适应网格划分技术来解决。

(2)在长度尺度取值较大时,裂纹尖端无法精确描述。大多数连续损伤模型都存在这一缺点。这一缺点可以通过细化网格进而使用较小的长度尺度来解决,但同样会增加问题的维度。

(3)经典相场法虽然具有严格的理论基础,但由于参数较少,在分析复杂断裂机制时力不从心。

13.6　近场动力学

断裂力学问题一直是力学领域的研究难点。传统的基于连续介质力学的理论和数值方法在求解此类非连续问题时遇到挑战。根源在于,连续介质力学建立在连续性假设和局部接触原理的基础上,运动方程中存在着体现内力的位移空间导数项。然而断裂问题中裂纹尖端区域的位移场不连续,空间导数不存在,意味着连续介质力学的基本运动方程构建失效。经典断裂力学理论定义能量释放率和应力强度因子等概念,表征裂纹区的应力集中和变形状态,为断裂问题研究奠定了坚实的理论基础。但传统断裂力学依然建立在连续介质力学框架下,其理论分析仅可求解简化的特定问题;而借助的有限单元法为代表的数值方法仍然存在网格依赖性等困难。

近场动力学 (Peridynamics, PD) 是 Silling 博士 2000 年提出的一种非局部理论,非常适用于求解断裂损伤等非连续问题。近场动力学基于非局部内力积分思想,将连续介质力学微分方程转化为积分方程,避免了非连续区局部空间导数不存在等问题。利用统一数学框架描述空间连续与非连续,近场动力学模型可自然模拟裂纹的萌生、扩展与分叉等断裂行为。总的来说,近场动力学理论由两大基础组成:近场动力学本构力模型和近场动力学键失效模型。近场动力学本构力模型反映了内力与变形的响应关系,具体体现在物质点之间长程作用力的形式,反映了材料的物性信息。近场动力学键失效模型定义和判定了物质点之间长程力的连接状态,是近场动力学量化断裂分析的基础。另外,按照本构力模型的求解形式,近场动力学模型可具体划分为键基近场动力学 (bond-based PD)、常规态近场动力学 (ordinary state-based PD) 和非常规态近场动力学 (non-ordinary state-based PD)。对于键基近场动力学模型,节点之间的长程作用力仅与节点对本身的变形量有关;而态基模型的节点内力由该节点近场范围 δ 内所有节点的状态决定。同时如果节点内力矢量与节点对相对变形方向相同,称为常规态模型;否则称为非常规态模型。

近年来,近场动力学在断裂参数求解、混合型裂纹、弹塑性断裂、黏聚力模型、动态断裂、材料界面断裂和疲劳裂纹扩展方面取得了长足的进展。图 13.9 所示为中心斜裂纹巴西圆盘压缩 PD 数值与试验结果。

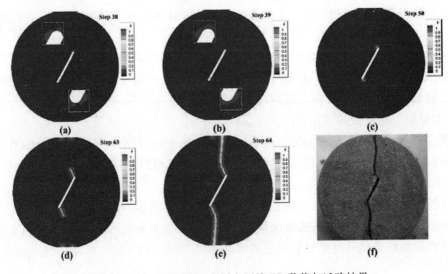

图 13.9　中心斜裂纹巴西圆盘压缩 PD 数值与试验结果

参 考 文 献

[1] 傅祥炯.结构疲劳与断裂[M].西安:西北工业大学出版社,1995.

[2] 杜洪增.飞机结构疲劳强度与断裂分析[M].北京:中国民航出版社,1995.

[3] 熊峻江.飞行器结构疲劳与寿命设计[M].北京:北京航空航天大学出版社,2004.

[4] 姚卫星.结构疲劳寿命分析[M].北京:国防工业出版社,2003.

[5] SURESH S.材料的疲劳[M].王中光,等译.北京:国防工业出版社,1999.

[6] 吴富民.结构疲劳强度[M].西安:西北工业大学出版社,1985.

[7] 吴学仁.飞机结构金属材料力学性能手册[M].北京:航空工业出版社,1996.

[8] 布洛克.工程断裂力学基础[M].王克仁,何明元,高桦,译.北京:科学出版社,1980.

[9] 李庆芬,胡胜海,朱世范.断裂力学及其工程应用[M].哈尔滨:哈尔滨工程大学出版社,2004.

[10] LEMAITRE J.损伤力学教程[M].倪金刚,陶春虎,译.北京:科学出版社,1996.

[11] 姚卫星.飞机结构疲劳寿命分析的一些特殊问题[J].南京航空航天大学学报,2008,40(4):433 - 438.

[12] 夏开全,姚卫星.关于疲劳缺口系数[J].机械强度,1994,16(4):19 - 22.

[13] 吕文阁,谢里阳,徐灏.复杂载荷下的疲劳寿命估算[J].东北大学学报,1996,17(6):633 - 636.

[14] 李舜酩.机械疲劳与可靠性设计[M].北京:科学出版社,2006.

[15] 《飞机设计手册》总编委会.飞机设计手册:第9册 载荷、强度和刚度[M].北京:航空工业出版社,1998.

[16] 邵亚生,杨庆雄.钉载孔挤压强化疲劳试验及断口分析[J].西北工业大学学报,1990,8(2):176 - 181.

[17] 邵亚生,杨庆雄.钉载孔挤压强化元件疲劳寿命研究[J].航空学报,1990,11(12):602 - 605.

[18] 吴富民,张保法.复杂载荷下疲劳寿命的估算[J].固体力学学报,1984(2):231 - 237.

[19] 郭庆,蒋万青.基于CAD/CAE计算铆钉连接件疲劳寿命[J].机械设计,2007,24(4):24 - 26.

[20] 田丁拴,吴富民.复杂载荷下疲劳寿命估算[J].航空学报,1991,12(2):79 - 86.

[21] 舒陶,任宏光,郭克平.局部应力应变Neuber法与有限元求法的比较[J].弹箭与制导学报,2009,29(2):267 - 269.

[22] 邱法聚,王洋定.基于局部应力应变法的大型港口起重机疲劳寿命估算[J].起重运输机械,2009(2):31 - 35.

[23] 钱桂安,王茂廷,王莲.用局部应力应变法进行高周疲劳寿命预测的研究[J].机械强度,2004,26(增刊):275 - 277.

[24] 李亚智.飞机结构疲劳和断裂分析中若干问题的研究[D].西安:西北工业大学,2002.

[25] SKARAYEV S, KRASHANITSA R. Probabilistic method for the analysis of wide-spread fatigue damage in structures[J]. International Journal of Fatigue,2005,27(3): 223 - 234.

[26] 殷之平,黄其青.SN - Paris 全寿命综合模型[J].西北工业大学学报,2007,25(3): 327 - 330.

[27] PRABEL B,COMBESEURE A,GRAVOUIL A,et al. Level set X-FEM non-matching meshes: application to dynamic crack propagation in elastic-plastic media[J]. Int. J. Numer. Meth. Engng, 2007,69(8):1553 - 1569.

[28] 黄其青,谢伟.基于有限元重合网格法的等大共面的三维表面裂纹交互因子研究[J].西北工业大学学报,2009,29(1):105 - 109.

[29] 贾亮,黄其青,殷之平.无网格-有限元直接耦合法[J].西北工业大学学报,2007,25(3): 337 - 341.

[30] 梁尚清,黄其青,殷之平,等.计算应力强度因子的无网格-直接位移法[J].机械强度, 2006,28(3):383 - 386.

[31] 王锋,黄其青,殷之平.三维裂纹应力强度因子的有限元计算分析[J].航空计算技术, 2006,36(3):125 - 127.

[32] 姚卫星. 结构疲劳寿命分析[M]. 北京:科学出版社,2019.

[33] 沈日麟. 面向复杂断裂行为的相场法研究及应用[D]. 哈尔滨:哈尔滨工业大学,2019.

[34] 胡小飞,张鹏,姚伟岸. 断裂相场法[M]. 北京:科学出版社,2022.

[35] 张恒,张雄,乔丕忠. 近场动力学在断裂力学领域的研究进展[J]. 力学进展,2022,52 (4):852 - 873.

[36] FEI H, ZHIBIN L. A peridynamics-based finite element method for quasi - static fracture analysis[J]. Acta Mechanica Solida Sinica, 2022,35(3):446 - 460.